中国林业优秀学术报告
2023

中国林学会 编

中国林业出版社

图书在版编目(CIP)数据

中国林业优秀学术报告. 2023 / 中国林学会编.
北京：中国林业出版社, 2024. 6. -- ISBN 978-7-5219-2743-6

Ⅰ.F326.2
中国国家版本馆CIP数据核字第2024QS5822号

策划、责任编辑：樊　菲　薛瑞琦
封面设计：曹　来

出版发行：中国林业出版社
　　　　（100009，北京市西城区刘海胡同7号，电话83143610）
电子邮箱：cfphzbs@163.com
网址：https://www.cfph.net
印刷：北京博海升彩色印刷有限公司
版次：2024年6月第1版
印次：2024年6月第1次
开本：787mm×1092mm 1/16
印张：11.25
字数：200千字
定价：88.00元

学术顾问：李　坚　吴义强　杜官本

本书编委会

主　任：赵树丛

副主任：文世峰　沈瑾兰　曾祥谓

主　编：曾祥谓

副主编：李　彦　王　妍

编委会成员（按姓氏笔画为序）：

王　妍	王明玉	杜官本	李　坚	李　彦	李　莉
杨继平	吴义强	吴家胜	汪建亚	张　伟	张代晖
张训亚	张建国	陈幸良	金　崑	周永红	周建波
周晓光	骆有庆	贾黎明	徐金梅	崔丽娟	韩少杰
舒立福	曾祥谓				

前　言

2023年是全面贯彻党的二十大精神的开局之年，在推进中国式现代化建设的新形势下，习近平总书记提出了森林的"四库"论述，强调了森林在经济发展中的基础性、战略性地位。2023年9月，习近平总书记进一步提出，要整合科技创新资源，引领发展战略性新兴产业和未来产业。这些重要论述，不仅为中国式现代化提供了根本遵循和行动指南，也为绿水青山转化为金山银山指明了新的路径。

为学习贯彻习近平总书记重要讲话和指示批示精神，贯彻落实国家林业和草原局与中国科学技术协会的安排部署，中国林学会将2023年度科技创新关注的重点放在了森林"四库"的建设上，尤其关注科技创新助力林草产业的发展，以期为林草事业高质量发展提供理论支撑。为此，中国林学会汇聚了院士、知名专家、学科带头人等高端智库力量，成功举办了第八届中国林业学术大会、第十五届中国林业青年学术年会、第十八届中国竹业学术大会、第二届梁希大讲堂等一系列学术盛会。通过鲜明的选题、深入的研讨和扎实的调研，形成了一系列富有成效的理论成果和具有实效性、可操作性的实践成果。中国林学会希望以学术引领科研、创新驱动发展的方式，为林草高质量发展贡献科技力量。

在此背景下，《中国林业优秀学术报告2023》应运而生。本年度优秀学术报告全面展示了林草最新的科技创新成果，传播其中具有代表性的新理念、新思想、新技术，为广大林草科技工作者把握时代方位、理清发展思路、创新方法举措提供重要启迪和参考借鉴。经过作者反复修改和专家筛选，本年度有16篇学术报告入选，包括院士报告3篇，特邀学术报告11篇，调研报告2篇。其中既有"双碳"战略背景下林草产业创新发展的探讨，也有贯彻落实森林"四库"实现路径等国家战略的现实思考，还有很多新领域、新课题的新成果，集中展示了这一年林草科技创新新动态。因篇幅所限，报告统一略去了参考文献，一些引用的文字、数据或图表也未标明引用出处，在此作特别说明。

最后，特别感谢各位院士和专家学者们在约稿和编撰过程中的大力支持，感谢各有关分会、专业委员会，各省级林学会和相关涉林草机构在征稿过程中给予的大力帮助，希望大家积极推荐高质量高水平的学术报告，支持中国林业年度优秀学术报告的编辑工作，让年度学术报告成为启迪思维、普及科学的学术精品，成为推动学科发展、促进科技交流、助推林草科技航船破浪前行的学术阵地。

编 者

2024年4月

目 录

第一篇　院士报告 ... 001

坚守"双碳"愿景，木业创新发展 .... 李　坚　002

绿色大家居产业科技创新的若干思考 .... 吴义强　012

我国人造板工业现状与挑战 .... 杜官本　021

第二篇　特邀学术报告 ... 029

发挥森林"四库"功能，高质量发展林下经济 .... 陈幸良　030

深刻认识人与自然关系，科学开展生态恢复 .... 崔丽娟　038

沙棘遗传改良与产业化栽培技术创新 .... 张建国　047

木本油脂生物基材料的发展机遇与挑战 .... 周永红　059

入侵区光肩星天牛灾害的生态自控策略与技术 ....

.... 骆有庆　王立祥　068

香榧采后品质提升关键技术及新产品开发 .... 吴家胜　078

无患子研究进展及产业促进 .... 贾黎明　092

创新林机专业社会服务体系建设，加快推进林业机械现代化 ....

.... 周建波　106

林木组分结构调控与功能化 .... 张代晖　118

目 录

"双碳"目标下木材工业企业绿色工厂的创建 ………… 徐金梅　124

极端气候变化背景下森林草原火灾分析 ……………… 王明玉　135

第三篇　调研报告 ………………………………………………**141**

蒜头果好——我国蒜头果产业发展状况调查研究报告 …… 杨继平　142

湖北省林木种质资源保存区划研究 …………… 汪建亚　杨春惠　162

第一篇

院士报告

坚守"双碳"愿景，木业创新发展

李 坚

（中国工程院院士，东北林业大学教授）

2020年9月22日，习近平主席在第七十五届联合国大会一般性辩论上宣布，中国将提高国家自主贡献力度，采取更加有力的政策和措施，二氧化碳排放力争于2030年前达到峰值，努力争取2060年前实现碳中和。至此，低碳化、零排放成为中国式现代化的新标志。

欧美等主要发达国家从碳达峰到碳中和的碳间隔期为50～60年，其中美国间隔43年，欧盟间隔71年。中国的碳间隔期设定为30年，预计我国将成为全球历史上用最短的时间实现从碳达峰到碳中和的国家，这一方面体现了我国的大国担当，另一方面则体现了国家减碳任务完成的紧迫性。

根据丁仲礼院士等人的研究资料表明，2010—2020年我国陆地生态系统固碳量为每年10亿～15亿t二氧化碳。森林可在光合作用下将空气中的二氧化碳转化为多种生物质资源与氧气，可理解为森林是储存二氧化碳的碳库，而木材是陆地植物中蓄积量巨大、碳储量最高的生物质。

在党的二十大报告中，习近平总书记强调："推动绿色发展，促进人与自然和谐共生""积极稳妥推进碳达峰碳中和"。基于上述背景，笔者遵循新时代以中国自己

* 2023年12月，在浙江湖州举办的第二届梁希大讲堂上作的主旨报告。

的方式实现中国式现代化的伟大思想,就如何在"双碳"战略下实现木材加工新技术、特殊功能产品和木业的创新发展撰写了这份学术报告,不妥之处请予以指点。

一、低碳化、零排放是中国式现代化新标志

我国要在 2030 年前实现碳达峰,2060 年前实现碳中和。什么是碳中和,而碳中和的目标又是什么呢?碳中和即排放的碳,通过自然过程和人为过程,与固定的碳在数量上相等,达到近零排放状态。

碳达峰与碳中和是复杂的系统工作,依据碳中和的定义以及碳排放、碳自然吸收、碳人为固定等概念,实现碳中和的基本逻辑可以概括如下:即碳中和是"三端"(发电端、能源消费端和固碳端)共同发力的体系。实现碳中和的前提条件是实用、高效、可供"三端"共同发力的先进科学技术。我国每年二氧化碳的排放量在百亿吨左右,其中发电供热排放的二氧化碳占总排放量的45%,工业生产排放的二氧化碳占总排放量的39%。随着新兴经济体加快发展,全球碳排放格局呈现出新的变化,发展中国家逐渐成为全球碳排放的重要来源。根据"全球碳计划"数据,2016—2020 年全球主要国家(和地区)的年际碳排放量如表 1 所列。从表中可以清楚看到,中国、美国、欧盟排在第一、第二、第三位,印度、俄罗斯和日本分别排在第四、第五和第六位,中国、美国和欧盟总的碳排放量占全球总的碳排放量 50% 以上。中国碳排放量排在全球首位,低碳化、零排放是中国式现代化的新标志,目前中国正在以自己的方式实现中国式现代化。

科学资料显示,工业革命前,地球大气中的二氧化碳浓度约为 $280mg/m^3$,从 1958 年开始大气中二氧化碳浓度达到 $310mg/m^3$,浓度水平呈逐步上升趋势。目前,大气中二氧化碳的浓度已超过 $400mg/m^3$ 阈值,当前碳排放总量仍在增加,碳达峰拐点立现,温室效应明显。因此,碳排放增量成为约束人类文明进步的重要阻力。

表1 2016—2020年全球主要国家（和地区）的年际碳排放量（丁仲礼等） 单位：亿t

国家（和地区）	2016年	2017年	2018年	2019年	2020年	5年平均值
美国	52.92	52.54	54.25	52.85	47.13	51.94
法国	3.41	3.46	3.32	3.24	2.77	3.24
德国	8.01	7.87	7.55	7.02	6.44	7.38
意大利	3.57	3.51	3.48	3.37	3.04	3.39
英国	3.99	3.88	3.80	3.70	3.30	3.73
加拿大	5.64	5.73	5.87	5.77	5.36	5.67
日本	12.03	11.88	11.36	11.07	10.31	11.33
俄罗斯	16.18	16.46	16.91	16.78	15.77	16.42
中国	95.53	97.51	99.57	101.75	106.68	100.21
印度	23.92	24.57	25.91	26.16	24.42	25.00
巴西	4.78	4.85	4.67	4.66	4.67	4.73
南非	4.65	4.64	4.64	4.76	4.52	4.64
墨西哥	4.85	4.61	4.51	4.38	3.57	4.38
全球	354.52	359.26	366.46	367.03	348.07	359.07

在未来几十年中，中国的人均能源消费还有较大的增长空间。因此，中国要实现碳中和，必须在非碳能源替代化石能源上下苦功夫，实现碳中和需要"三端"共同发力。第一端是发电端，是指把水、光、电、热作为主力发电能源，并大幅度提高发电、储能、输电的能力。第二端是能源消费端，是指用绿电、绿氢、地热等替代化石能源的使用。第三端为固碳端，是指通过生态建设，以碳捕集、利用与封存等技术把碳人为地固定在地表、产品或地层中。

关于绿氢制造和风电能源的贡献。谢和平院士团队与中国东方电气集团联合开展的海上风电无淡化海水原位直接电解制氢技术，实现了海上风电可再生能源与海水直接制氢的一体化技术体系。根据最新报告，全球首台16MW海上风电机组在三峡集团福建海上风电场成功吊装。这个大风车轮毂中心高度为152m，可输出超过6600万kW·h的清洁电源，可节约标准煤约2.2万t，减排二氧化碳5.4万t。我国首个万吨级新能源制氢项目——内蒙古鄂尔多斯纳日松光伏制氢产业示范项目成功制取首个 $1m^3$ 氢气。这个项目利用太阳能与氢能产生的绿电，通过电解水装置分解成氢气和氧气，是一种无污染、零排放的绿电制氢新模式，标志着我国绿氢发展迈出一大步。中国汽车工业协会数据显示，2023 年 1—10 月，中国新能源汽车产销量分别达 735.2 万辆和 728 万辆，同比大幅度增长，市场占有率达 30% 以上。美国彭博新闻社曾发文称，中国在新能源汽车领域的成功令人惊讶，2022 年新能源汽车占中国乘用车总销量 1/4，远远超过美国的 1/7 和欧洲的 1/8。

此外，经济社会发展绿色化、低碳化，既需要生产方式的转型，也需要生活方式的转变。习近平总书记多次强调，要弘扬生态文明理念，培育生态文化，让绿色低碳生活方式成风化俗。根据国际上过去几十年来的观测统计，人类排放的所有二氧化碳有 54% 被自然过程吸收，剩下的有 46% 留在大气里，成为使大气中二氧化碳浓度升高的主要来源。

二、"双碳"战略下的木材与木材加工

2010—2020 年，我国陆地生态系统固碳量为每年 10 亿～15 亿 t 二氧化碳，森林在光合作用下能够将空气中的二氧化碳转化为多种生物质资源，其中较为重要的资源是木材。所以森林是储存大量二氧化碳的碳库，构成木材的元素中 50% 是碳，木材是陆地植物中蓄积量巨大、储量最高的生物质，是一种固碳作用强、可吸收、可再生、可循环利用的 "4R"（reduce、reuse、recycle、recovery）材料。2014—2018 年的第九次全国森林资源清查结果显示，全国的森林覆盖率为 22.96%，森林面积为 2.2 亿 hm^2。《2022 年中国国土绿化状况公报》中，森林的面积已经达到 2.31 亿 hm^2，森林覆盖率已经提高到 24.02%。随着森林覆盖率、森林面积、森林蓄积量的提高，森林及其他植被总量提高，总的储碳量就会提高。

但鉴于我国总体上依然缺林少绿、生态脆弱，生态产品紧缺与日益增长的社会需求之间的矛盾还比较突出，那么我们需要认真地做好以下几件事情：一个是全面深化林草改革；二是强化森林科学经营；三是高质量高水平地推进现代林业建设，推动现代林业建设和森林自然保护的发展进入伟大的新时代。

"双碳"战略下，我国也需要对木材科学与木材加工进行新的思考。通过光合作用公式来进行计算，森林每增长 $1m^3$ 的蓄积量，就吸收 1t 二氧化碳，同时释放 0.73t 的氧气，储存 0.27t 的碳。木材和其他的建材相比，容易加工，耗能低。木材加工与木材利用最关键的要点是进一步提升碳汇，减少碳源。如何提升碳汇？即采取先进的固碳技术。如何减少碳源？即采取实用的先进加工技术，减少二氧化碳的排放。

特别需要注意以下几方面内容：一是加强现有森林的经营管理，提升光合作用质量；二是及时加工砍伐后的树木，缩短木材加工工序的生产周期，延长木制品的使用寿命，提高木材综合利用率；三是注意木材加工过程中的节能降耗，追寻木材的碳足迹，有效控制温室效应，让木材作为一种环境友好、净化和美化环境的绿色材料供人类生产生活使用。

总而言之，第一，林木可以零污染地捕获二氧化碳，是最好的天然固碳者。提升光合作用效率，提升木材蓄积量，可以加速中和二氧化碳。

第二，要延伸、充实、创新木材碳学的研究内涵，在理论技术上助力碳达峰碳中和目标和"双碳"战略的实施。什么是木材碳学呢？即研究木材与碳汇碳源之间关系的，与森林经理学、森林生态学和木材保护学等多学科交叉融合的一门科学，是生态安全、绿色环境、人体健康的贡献者。

第三，产教融合，围绕着碳的零排放和碳的负排放关键技术，强化前沿木材加工技术研发。

第四，将绿色低碳理念纳入教育教学体系，实现"碳中和交叉学科人才培养专项"计划,做到习近平总书记要求的"积极稳妥推进碳达峰碳中和"计划。

党的二十大报告指出,要推动绿色发展,促进人与自然和谐共生,积极稳妥推进碳达峰碳中和。教育部部署了九大任务,加强碳达峰、碳中和人才培养,将绿色低碳理念纳入教育教学系统,组建"双碳"产教融合联盟等。我们的团队正在和企业合作创办"双碳"产教融合联盟,加大教学资源建设力度、推进课程与教学建设进度。在我们新编本科生和研究生教材里面也特别注意"双碳"愿景的实现,以及需采取的标准措施。国家从多方面着手,积极稳妥推进碳达峰碳中和。

三、从大自然中寻找灵感

木材的低碳加工、高效利用的突破之道,来源于学习自然、仿生自然、人与自然和谐共生。我们团队研究学习自然、仿生自然、保护自然已进行了13年,在全国同仁的支持下,我们取得了一些进展。下面举两个例子。第一个是仿生胶黏剂的研发,我们在海边亲眼看到紫贻贝的黏附效应,从而受到启发而进行的研发。紫贻贝足丝里面有一种黏蛋白,能与其他物质产生强力黏附作用。根据这个原理,我们团队通过十几年的研发,和企业密切合作,终于在山东新港企业集团进行了大型生产试验,在年产30万 m^3 仿生刨花板生产线上顺利进行了大生产。同时,我们团队进行了年产18万 m^3 仿生超薄纤维板生产线生产。现在这些产品生产状况良好,特别是超薄纤维板,它的强度、外观等各项指标都符合相关规定。这些产品已经在新港集团持续进行生产,并积极地积累成果,向其他厂家进行应用推广。

第二个例子是受到木材仿生光学的启发进行木材光学利用研发。自然界中的动物、菌类以及无机矿物质具有神奇的光学现象。比如,萤火虫的自然发光、菌类的发光、海滩的荧光、夜明珠的发光、水母的发光等。受自然界这些生物体的发光现象的启发,我们利用木材进行重组再造,使木材产生光学效应,开辟了对低值木材进行高附加光学利用的新途径。主要过程就是将木材中的化学组分进行分解重组，然后可以得到荧光的碳量子点、余辉发光木材、仿光合作用薄膜和光热材料等。

我们总结十几年的研究成果，在科学出版社集成出版了一本专著——《木材仿生光学》，其主要内涵是通过高新技术把木材中的结构和酚类物质，成功转化为光功能的材料。

四、新型特种木材研发

习近平总书记指出尊重自然、顺应自然、保护自然，必须牢固树立和践行绿水青山就是金山银山的理念，站在人与自然和谐共生的高度谋划发展。新型特种木材的研发能够提高木材附加值，实现林木资源高值利用，对绿色、低碳材料的研发和推广具有重要意义。目前，已经试验成功或正在进行深度试验的有以下8种木材：自愈木材、透明木材、荧光木材、储能木材、吸波木材、超强木材、辐射制冷木材、可折叠木材。

自愈木材的自愈原理就是利用木材细胞壁中纤维素的原位溶解和原位再生，在木材断裂之后对木材表面进行活化，然后进行特殊离子溶液的处理，再进行干燥，从而产生自愈的效果，有助于废旧木材的重复使用和循环利用。还有一种做法是在木材断裂处，采取3D打印的方式来利用纤维素进行打印，采取特殊的方式进行交接和融合，使木材产生损伤自修复。

透明木材的制备可分为两步：首先将木材中的木质素脱除，即把木材的发色基团去除；再将透明的环氧树脂等物质渗入木质结构中，从而形成透明木材。

荧光木材是将荧光的量子点和环氧树脂渗入木质结构的空隙中，实现透明荧光木材的制备。

储能木材主要包括储电木材和储热木材。为什么要用木材做储电储热？主要是木材具有多孔结构和各向异性。同时，木材细胞壁中有纳米纤维素，具有丰富的羟基，可以为电活性材料的重组复合提供稳定的成核位点，用于制造太阳能电池板、锂电池和钠电池的电极等。而木材储热或相变储热木材，指的是当外界温度变化时，填充到木材孔隙中的相变材料的分子排列发生变化，从有序到无序之间进行转化；同时伴随着吸收热量或释放热量来实现热能转换。科学利用相变储热木材，可以将其用于地板保温、建筑材料保温以及食物保温等。

吸波木材是指通过直接注入纳米金属材料或构筑导电涂层的方式来制造可吸收电磁波的木材。由于木材不具有电磁性，通过物化处理之后，其具有磁性、导电性，因而可以对电磁波产生屏蔽作用。由此还可以演化出其他诸多新功能，如木材的磁热效应、磁电效应等。

超强木材是指通过细胞壁软化和热压处理制备而生产出一种具有极高力学强度的木材，其顺纹拉伸强度普遍超过400MPa，抗弯强度超过200MPa，且具备一定的阻燃性，为将实体木材应用于高层木结构提供新的加工方法。

辐射制冷木材的制备首先应把木材中最容易吸收紫外光的木质素与其他抽提物去除，剩下纤维素和半纤维素，然后热压制成板材。由于其主要成分是高纤维素含量的木材，对光的反射率可以达90%以上，实现既能强烈发射太阳光，又能同时发射长波红外线的功能，可以起到被动辐射制冷的作用。

可折叠木材是将木材的含水率控制在纤维饱和点左右，然后再迅速加热蒸发水分，使原来软化的木材细胞壁收缩；随后重复以上步骤使收缩的木材重新润胀，有选择性地打开木材的微孔结构；最后固化成型，制备得到力学强度高、可异形加工的折叠木材。

五、形成新质生产力，增强发展新动能

新质生产力是以科技创新为主的生产力，是数字时代更具融合性，更体现新内涵

的生产力。正如习近平总书记指出的"积极培育新能源、新材料、先进制造、电子信息等战略性新兴产业，积极培育未来产业，加快形成新质生产力，增强发展新动能"。

（一）关于木材加工产业发展的建议

习近平总书记提出要加快形成新质生产力，对于木材加工产业更应如是。依据多年的从业经验，笔者在此仅提供以下几点建议，供全国同仁批评指正。

第一，建立木材工业绿色低碳加工的基本理论体系和科技创新体系，加强相关从业人才培养质量，高度重视二氧化碳的捕集、利用与封存等潜在的颠覆性技术研发。

第二，减少化石能源消耗，逐渐扩大使用自然界清洁、可再生能源，诸如光能、风能、生物质能等。实现碳中和，中国的能源系统需要经历深刻的转型，预计2050年中国能源消费总量的60%、发电量的90%将由可再生能源提供。

第三，增加低碳环保的现代化木结构的建筑面积。

第四，强化木材、木制品的科学保护，延长其使用寿命。

第五，建立健全碳达峰碳中和标准评价体系，诸如：碳排放盘查、碳储量计算、碳标签管理、碳足迹计算与评价、木材加工企业碳交易与碳资产管理等。

第六，加快构建高效、绿色、低碳、循环为特征的现代化产业体系，加快中小型企业绿色发展，大力推动数字化、绿色化融合发展进程，运用新一代的信息技术、高端装备、绿色材料实践节能减排，全面推进企业绿色低碳转型升级。

第七，立足国情，借鉴国际先进经验。我国作为全球碳排放大国，实现碳达峰碳中和目标，时间紧、任务重，须充分借鉴国际先进经验，完善实现碳中和的各项措施，持续优化国内碳中和的政策体系。

（二）关于木材加工过程的建议

在各类木材加工过程中，要坚守绿色低碳理念，创新加工方法、加工设备和加工技术，助力实现国家"3060"双碳战略目标。

现在以木材加工的一个重要工序——"木材干燥"为例再论证一下。

木材加工中，木材干燥是第一道工序，干燥过程的能耗占总耗能的40%～70%。降低能耗、实现低碳干燥的几点建议如下：①应用低密度太阳能预干燥技术；②研制木材干燥内应力干燥基准；③按木材含水率分级干燥；④对木材干燥尾气及时进行科学处理，减少空气污染；⑤应用废弃能源的回收和再利用技术。

木材加工企业应按照低碳化、零排放理念转型升级，在"双碳"愿景下促进木业高质量发展。木材加工的全过程走绿色生态发展之路，既保护了环境，又有利于实现"双碳"目标，适用于人与自然和谐共存，建设人类命运共同体。

作者简介

李坚，男，1943年生，东北林业大学教授、博士生导师，中国工程院院士，木材科学家，著名林业教育家，东北林业大学原校长，国际木材科学院院士，国际先进材料学会会士，东北林业大学"林业工程"世界一流建设学科带头人。

多年来，坚持自主创新，引领前沿发展。发表论文300余篇，出版著作30余部，授权发明专利30余项，获国家技术发明奖二等奖1项、国家科学技术进步奖二等奖3项、首届全国教材建设优秀教材奖二等奖1项、黑龙江省重大科学技术效益奖1项、黑龙江省科学技术奖一等奖6项。先后被国务院学位委员会授予"做出突出贡献的中国博士学位获得者"称号，被人事部授予"国家有突出贡献中青年专家"称号，被评为"七五""八五"期间科技成果推广先进工作者，获"全国优秀林业科技工作者"称号、黑龙江省五一劳动奖章、黑龙江省归国留学人员报国奖等荣誉。2017年带领的"生物质材料创新研究团队"被命名为"工人先锋号"，获得首届"全国高校黄大年式教师团队"荣誉称号。所带领的学科成为"985优势平台"学科、ESI全球前1%学科和国家"双一流"建设学科。

绿色大家居产业科技创新的若干思考

吴义强

（中国工程院院士，中南林业科技大学党委书记、教授）

绿色大家居产业涉及整装定制、家具家饰、智能制造、绿色建材、智慧物流等领域，是国民经济的重要组成部分，目前家居消费已经成为仅次于汽车消费的家庭第二大支出，推动绿色大家居产业高质量发展具有重要意义。本报告阐述了我国绿色大家居产业的概况，从资源多元化、材料功能化、设计低碳化、制造智能化以及服务数字化等大家居全产业链中的几个重要环节展开思考，重点阐述上述5个方面的科技创新突破及未来发展方向。

一、绿色大家居产业创新发展的意义与挑战

（一）绿色大家居产业科技创新意义重大

1. 绿色大家居产业是重要的民生产业

绿色大家居产业涵盖家具、地板、木门窗、装饰装修、建筑材料等领域，与生活、学习、工作和社会活动息息相关，具有规模体量大、消费带动强、产业覆盖广等特点。通过低碳设计、智能制造等科技创新可带动上下游产业进一步发展，推动产业结构优化与转型升级，扩大市场规模，提供新的经济增长点。因此，绿色大家

---

* 2023年7月，在黑龙江哈尔滨举办的第八届中国林业学术大会上作的主旨报告。

居产业的科技创新是助力我国经济高质量发展的重要引擎。

2. 绿色大家居产业是助力实施国家战略的重要领域

木材、竹材和秸秆等资源是天然"负碳"材料，所开发的家居产品具有储碳功能，替代钢材、水泥等高碳排放建材可实现减碳，有助于落实国家"双碳"战略。同时，产业的发展可以带动农村经济发展，促进农民增收，释放乡村经济活力，助力国家"乡村振兴"战略。通过绿色生产、低碳制造等科技创新，可有效减少资源和能源消耗，推动绿色循环发展，践行国家"绿色发展"战略。因此，绿色大家居产业科技创新也是实施国家重大发展战略的推进器。

3. 绿色大家居产业是打造中国智造的重要阵地

目前，绿色大家居产业逐步从劳动密集型传统产业迈向技术密集型现代产业，通过智能化装备、信息化技术等科技创新可推动产业从中国"制造"转变为中国"智造"，加速推进"中国制造2025"、工业4.0整体进程。所以说，绿色大家居产业科技创新也是推动中国智造的重要抓手。

（二）绿色大家居产业创新发展面临挑战

1. 木材资源短缺严重制约产业可持续发展

绿色大家居产业主要是以木质资源材料为主的民生产业，产业的快速发展导致木质材料需求大幅上升。然而，目前我国木材供需矛盾较为突出，对外依存度高达60%，木材资源短缺问题严重制约着我国大家居产业的可持续发展。

2. 甲醛释放及燃烧发烟等问题威胁人居环境安全

从大家居全产业链来讲，家居材料及制品还存在甲醛释放、易燃发烟、吸湿变形等问题，威胁人居环境安全。生产制造过程中存在有害气体和"三废"等污染，也会对生产和生活环境安全造成危害。

3. 制造智能化发展滞后制约产业转型升级

大家居产业如果要从劳动密集型向技术密集型转变的话，急需提升产业智能化水平。目前存在的智能制造发展滞后等问题也是制约大家居产业转型升级的重要因素。因此，需进一步加快智能制造发展进程，推动产业绿色智能转型升级。

4. 数字化服务相对落后制约产业高质量发展

大家居产业是民生产业，一端连着制造端，一端连着消费端，在数字经济大力发展背景下，服务数字化发展相对落后等问题严重制约了大家居产业高质量发展。

二、绿色大家居产业科技创新的思考

（一）加快资源多元化体系构建

前面提到绿色大家居产业主要以木材资源利用为主，目前大家居产业中的木材资源加工利用已经做得非常完善，基本上可以达到全材料利用。但是，我国木材资源对外依存度达 60%，资源供应不足严重制约大家居产业可持续发展。另一方面，我国竹材、秸秆、芦苇等资源丰富，但材料化利用率低，此外，废弃木质材料及家具的循环利用还未实现。因此，应加强竹材、秸秆以及废弃资源的利用，构建大家居产业资源多元化保障体系，推动大家居产业可持续发展。

1. 竹材资源利用

竹材产业是我国的重要产业。虽然，目前竹材在大家居中已有一定的利用，但是相关产业的发展还不够强大，主要有以下几个制约因素：一是竹材"下山难"问题，导致产业的材料采运成本加大。二是竹集成材、结构材等工业化生产的智能化和连续化程度低，制约着产业的快速发展。三是竹材本身的易霉、易变形等特点也影响了其在大家居产业的广泛应用。因此，急需开展竹材采伐与运输技术与装备、竹材连续化加工技术与自动化装备、竹材绿色高效防霉防腐技术等科技创新，助力相关产业由劳动密集型向技术密集型转型升级,推动产业高质量发展。

此外,中国政府同国际竹藤组织在全球发出"以竹代塑"倡议并联合发布"以竹代塑"全球行动计划。竹材在我们日常生活中,如在一次性餐具、家居日用品、装修内饰等方面展现出巨大的"代塑"应用潜力,目前部分产品已实现了工业化生产,但是与真正的塑料产业相比,"以竹代塑"相关产业还存在种类少、工艺复杂、规模小、成本高等难题,制约了产业的发展,急需进一步从制造技术、加工装备等方面开展科技创新,推动"以竹代塑"产品在绿色大家居产业中的应用。

2. 秸秆资源利用

我国秸秆资源丰富,年产量超10亿t,然而秸秆的材料化利用仅占资源利用率的5%,在大家居领域的应用则更少。因此,在秸秆预处理、绿色胶合、功能人造板制备等方面创新秸秆材料化利用关键技术和核心装备,让秸秆代替部分木材以开发人造板等绿色大家居新产品,对于推动大家居产业绿色可持续发展具有重要意义。

3. 废弃资源利用

我国废弃木材、废弃建筑模板等木质材料年产量近1亿t,加上废弃家具和木制品,可折算成近2亿 m^3 的木材。然而废弃材料的利用率不足20%,直接废弃或焚烧将造成严重资源浪费和环境污染。因此,急需在废弃物收集、分选、除杂以及再利用等关键技术与核心装备研发领域取得突破,对节约木材资源、保护生态环境具有重要意义。

(二)促进家居材料绿色功能化创新

对于绿色大家居产业而言,材料的生产和使用是至关重要的。目前,实体木竹材、人造板等家居材料的使用非常广泛。然而,这些材料的生产和使用过程存在甲醛、挥发性有机物(VOCs)等有害物质污染,严重危害居民身体健康。同时,这些材料天然易燃,存在火灾等重大隐患,威胁人居环境安全。因此,开展大家居材料绿色胶合、清洁生产以及功能化等科技创新，对构筑绿色安全人居环境意义重大。

1. 绿色胶合

目前，我国人造板等家居材料用胶黏剂90%为醛类胶，导致家居材料及制品在生产和使用过程中易释放甲醛，严重危害人体健康。为此，国内的科学家和技术人员在低醛、无醛、仿生胶黏剂制备以及无胶胶合技术等方面开展了理论与技术创新，实现了家居材料的无醛、低醛化生产，为大家居产业提供了优质的低醛或无醛环保家居材料，为大家居产业绿色发展奠定了强大的技术基础。

2. 清洁生产

人造板等家居材料的生产过程中存在废水、废气、废渣等"三废"污染，危害生产和人居安全。开展废气多级冷凝回收、废水循环净化和废渣热解供能等洁净化技术与核心装备创新，对实现"三废"无害化处理，推动大家居产业绿色安全生产具有重要意义。同时，大家居材料生产过程中产生的粉尘，容易造成生产安全隐患，通过脉冲袋式集尘、湿式除尘法等技术与装备创新，实现生产过程中的粉尘回收和再利用，也为推动绿色大家居产业材料生产的清洁化转型提供了重要技术支撑。

3. 功能化

人造板等传统家居材料普遍存在易吸湿霉变、易燃烧发烟等问题，因此需开展家居材料防水防潮、阻燃抑烟、防霉防腐、吸音隔音、轻质高强等基础功能创新，为提升家居产品使用安全、构筑舒适人居环境提供重要保障。目前，大家居行业已在固–液–气立体屏障防火技术、多维网络互穿防潮防水技术、有机–无机杂化螯合防霉防腐技术等方面取得突破，未来向功能长效持久性、多元功能一体化等方向发展。

此外，通过科技创新可以赋予家居材料其他特殊功能，拓展绿色大家居产业的应用领域。比如，通过仿生设计、表面功能修饰、网络定向构筑等技术创新，可以开发出具有疏水自洁、轻质高强、节能控温等先进功能的家居材料，提高家居产品的附加值和竞争力，助力家居产业向高端领域发展。

（三）深化家居设计低碳化发展

低碳设计是基于生态设计理念的新型设计技术，旨在全面考虑产品设计过程中的原料选择、设计制造、回收使用等阶段，最大程度提高资源利用率、减少能耗及污染物排放，从而推动大家居产业高质量发展。

1. 家居智能设计平台

实现家居低碳设计，首先要加快智能设计的平台构建。目前，人类生活水平发生了翻天覆地的变化，流行趋势、装饰风格、产品式样、消费档次等个性化需求增多，传统的设计理念与技术已经无法应对新时代的发展需求。构建集大数据、人工智能、数字化技术于一体的智能化设计平台，是大家居技术设计发展的必然趋势。智能设计平台的构建，为设计效率的提升、设计周期的缩短，以及设计草案出错率的降低提供了重要科技支撑。

2. 减量化智能化设计

家居产品减量化设计可以提高资源利用率、创造生态效益、提升产品竞争力，通过设计减量化、材料减量化、工艺减量化等实现家居产品从设计到生产、使用、回收全流程的低碳化，助力家居产业绿色低碳转型升级。同时，通过智慧设计、高效设计等智能化设计技术的创新，可以实现整个大家居产业的全链条智能设计，为家居领域个性化设计提供重要技术支撑。

（四）加速家居制造智能化升级

目前，家居材料和制品的生产制造，大多数以劳动密集型为主，存在高能耗、低效率、高碳排放等问题。因此，在智能装备、智慧输送、智慧决策以及智能控制等方面实现创新突破，对于推动绿色大家居产业智能转型升级具有重要意义。

制造装备的智能化是实现家居产业智能制造的重要基础。目前，木材加工产业作为提供绿色大家居材料的重要产业，在纤维板与刨花板等人造板生产方面实现了连续化、自动化和智能化，但智能装备的国产化仍然任重道远。我国胶合板的智能连续化生产装备取得了重大突破，但部分工序尚未实现智能化，急需进一步发展。此外，通过一些物联网、人工智能等前沿技术，推动了跨学科、跨领域的交叉融合，提升家具、装饰等大家居产品国产制造装备的智能化水平，未来仍需进一步突破国产装备设计与制造瓶颈，加速家居智造专用装备设计研发。

同时，需深度发掘成熟自动化装备应用场景，创新网络协同输送机制，突破装备适配的软硬件壁垒，基于制造过程全局的稳态设计，实现智能厂内物流。通过制造数据感知，集中解决数据采集不到、不准、不全等现实问题，打破信息孤岛，实现数据口径和编码的统一，构建零部件级作业时间精准预测技术。在此基础上，将生产管控粒度由产线—批次级推进到设备–板件级，管控模式由粗放–经验化推进到集约–智慧化，并基于人工智能开展多目标、多约束、全局动态优化，实现智慧决策。联合网络协同制造，集成设计制造的各种不同软件系统，打通家居全产业链各端口的数据孤岛，实现信息链的全闭环。同时，通过实现物理–模型–服务–交互–数据五维合一，打造大家居产品制造"数字生命体"，推动大家居制造向智能化、绿色化、高端化方向发展。

（五）推动家居服务产业数字化转型

服务是大家居产业实现生产端与消费端融通的关键点，面对产品流通、服务过程中存在的低效、浪费与污染现象，有必要在智慧物流、绿色营销和整装定制3个方面协同发力，以数字化赋能产业，以新业态驱动产业发展。

数字赋能智慧物流，主要是基于工业互联网和人工智能实施精准集约的物流管理，缓解成本效率和环保压力，推动产业转型升级和可持续发展。未来需进一步突破数据驱动的供应链协同平台构建、物流资源智能优化和流通模式等。

同时，通过数字赋能绿色营销，将营销大数据与人工智能结合，如构建元宇宙、虚拟现实、混合现实等可视化呈现技术，基于客户画像的全流程精准营销系统，等等，不断满足客户个性化需求、优化消费体验，开拓转型升级新路径。

进一步通过数字赋能整装定制，以数字化技术链接消费者、设计师、生产线、供应链等制造前后端各环节，将制造过程与业务系统深度集成，如构建设计－产品－服务－交付一体化技术、建立网络协同的分布式产业平台等，借助网络协同服务与制造应对大规模个性化定制带来的机遇与挑战。

三、总结与展望

未来需持续在资源多元拓展、绿色功能材料开发、绿色低碳设计、制造智能转型以及数字服务体系构建等方面突破，推动绿色大家居产业高质量发展。

一是拓展多元资源利用，创新"以竹代木""秸秆代木"废弃材料及家具循环利用技术，重点突破竹材采输运、连续化加工等技术与装备，构建绿色大家居产业可持续发展资源保障体系。

二是加强绿色功能材料开发，开展绿色胶合、清洁生产、高值功能等技术创新，重点研发家居材料无醛化、"三废"污染洁净化、阻燃防水功能化等技术，构建绿色大家居产业绿色安全保障体系。

三是深化绿色低碳设计，进行家居产品绿色低碳设计，重点开展家居智能设计平台、减量化设计、智能设计和适老化设计创新，构建绿色大家居产业绿色低碳设计体系。

四是推动制造智能转型，创新家居材料及产品制造智能装备、网络协同制造系统等，重点推进装备、控制、决策和输运等方面的智能转型升级，构建绿色大家居产业智能制造体系。

五是构建数字服务体系，促进家居服务产业全面数字化转型，重点加快数字技术与智慧物流、绿色营销和整装定制深度融合，构建绿色大家居产业数字化服务体系。

作者简介

吴义强，男，1967年生，中南林业科技大学教授、博士生导师，中国工程院院士，中南林业科技大学党委书记，第十四届全国人大代表。担任国务院学位委员会林业工程学科评议组成员、教育部林业工程教指委副主任委员、木竹资源高效利用省部共建协同创新中心主任、农林生物质绿色加工技术国家地方联合工程研究中心主任等职务。

主持国家重点研发计划项目，国家自然科学基金重大、重点及面上项目（课题），中国工程院战略研究与咨询项目，湖南省科技重大专项等20余项；发表学术论文400余篇；授权国际、国家发明专利70余件；出版中、英文专著8部；以第一完成人获国家科学技术进步奖二等奖2项、国家级教学成果奖二等奖1项、全国创新争先奖1项、何梁何利基金科学与技术进步奖1项，以及湖南光召科技奖、湖南省科学技术创新团队奖、教育部科学技术进步奖一等奖、湖南省科学技术进步奖一等奖、湖南省教学成果奖一等奖等省部级奖励10余项。获得教育部"长江学者"特聘教授、国家首批"万人计划"中青年科技创新领军人才、新世纪百千万人才工程国家级人选、国际木材科学院院士、全国优秀教师、湖南省教学名师、湖南省徐特立教育奖、湖南省创先争优优秀共产党员（记一等功）等称号和荣誉。带领团队获评"全国高校黄大年式教师团队"。

我国人造板工业现状与挑战

杜官本

（中国工程院院士，西南林业大学教授）

本报告阐述了我国人造板工业现状与挑战，介绍了我国人造板工业过去和现在的进展，并展望了人造板工业未来发展趋势和将会遇到的挑战。

一、人造板工业现状

（一）人造板工业概况

什么是人造板？人造板是以木材和其他非木质纤维为原料，经过一定机械加工分解成各种单元材料后，施加或不施加胶黏剂合成得到的板材。这类产品与我们的日常生活密切相关，主要包括胶合板、刨花板和纤维板三大类产品，其延伸的产品达上百种。目前，我国人造板产量已超 3 亿 m^3，产值约 3 万亿元，在世界上的占比超过 60%，我国是第一生产大国和消费大国。

人造板产业链比较长，上游是原料种植，下游是人居环境，中间是工业经济。我国为什么要发展人造板工业？或者说最近 20 多年，为什么我们国家人造板工业发展如此迅速？主要原因在于我国是一个整体缺林少绿的国家，森林面积为 34.6 亿亩，森林覆盖率为 24.02%，人均森林面积仅为世界平均水平的 1/4，森林蓄积量是世界

---

* 2023 年 12 月，在浙江湖州举办的第二届梁希大讲堂上作的主旨报告。

平均水平的 1/8。

人民创造美好生活，需要使用大量木材，可通过大力发展人造板工业来提高木材综合利用效率。众所周知，$1m^3$ 人造板可以替代 $3\sim5m^3$ 的原木。同时，人造板工业也是我们实现和平致富的重要途径，通过工业发展，让我们的绿水青山底色更亮，让金山银山成色更足。据统计，我国的木材对外依存度超过 50%，海上航行的大型商船，除了运输石油和芯片外，运输最多的就是木材。

（二）人造板工业发展历程

20 世纪 80 年代初，人造板企业创新能力弱，我国的人造板产量在世界上的占比仅为 0.4% 左右，可忽略不计。改革开放 40 多年来，我国的人造板工业发生了翻天覆地的变化，2000 年，全球占比约 12%；目前，全球占比已超过 60%。大力发展人造板工业，可进一步推动生态文明建设和环境保护，因为大力发展人造板工业，可节约大量的木材。如果不发展人造板工业，我国的生态环境可能会是另外一番景象。

2022 年，我国的林业总产值达到 8.04 万亿元，林产品出口贸易超过 1830 亿美元。从 2011 年起，我国已连续 12 年成为全球林产品生产、消费、贸易量最大的国家；其中，人造板产量居世界第一。我国从事林业产业相关人员超过 6000 万人，一些林区农民收入 20% 来源于林产品，部分重点县则超过了 60%。

过去 10 年，中国人造板产品产值呈现逐年递增的趋势，年均增速为 4.2%。2022 年中国人造板产品产值 6650 亿元，同比降低 11.6%。截至 2022 年底，全国保有人造板生产企业 12200 余家，同比下降 7.8%，胶合板、纤维板、刨花板企业数量均有不同程度的下降。目前，胶合板企业大概 9800 余家，在 2022 年基础上减少了近 1000 家；胶合板行业呈现企业数量和总生产能力双下降态势。人造板产量约 2.87 亿 m^3，出现了连续 4 年增长后的首次下降，下降的主要原因是胶合板和纤维板产能下降。截至 2023 年 6 月，全国胶合板总生产能力约为每年 2.05 亿 m^3，比上一年度有所下降；人造板产品产值 6650 亿元，和上一年比出现了下降现象；同年，出口的人造板大概是 1400 万 m^3，同比也是下降。这些数字的背后是很残酷的现实，国际、国内环境发生了很大的变化，大量人造板企业停产、倒闭，很多从业工人失业。

如前所述，胶合板行业呈现企业数量和总生产能力双下降现状，而刨花板行业情况完全不同，2023 年的产量是 4375 万 m^3，比 2022 年增长了 5.5%；同时，连续平压线有 98 条，连续平压线累计生产能力占总生产能力的 60%，企业数量虽然在下降，但生产能力持续上升。2023 年上半年有 14 条刨花板生产线建成投产，在建的还有 53 条，所以会释放出 2055 万 m^3 的产能。

（三）刨花板工业的两个代表性研究成果

人造板行业，尤其是刨花板行业的巨大变化，我们有幸见证。在刨花板工业高速发展过程中，围绕如何做好一块板和如何提升产能的关键科学技术问题的技术攻关，作者团队有幸参与其中。

20 世纪 90 年代，我国刨花板工业发展非常艰难，和今天的胶合板有点类似，大量企业倒闭，产品找不到应用市场。因此，作者团队与企业开展联合技术攻关，围绕刨花板生产技术，开展成套、系统的技术更新，从胶黏剂合成到铺装技术、工艺控制、产品市场开发等做了系列研发工作。通过技术研发，产生了 3 个方面积极的影响：第一，提高了刨花板生产工艺整体制造水平；第二，解决了大家比较关注的刨花板甲醛释放量高和尺寸稳定性差的技术难题；第三，推动刨花板工艺的发展和刨花板产品成为定制家居主要基材。通过技术更新，整个刨花板行业"劣质、低廉"的产品形象得到彻底改观，产品开始大量进入百姓家里。

刨花板质量提升后，产品供不应求，买一块普通的刨花板还需要找关系，归根结底是因为产能太低，原有的单线产能年平均大概只有 5000～50000m^3。随着定制家居行业的快速发展，刨花板产品供不应求，原来生产方式落后的弊端更加突出。

对此，作者团队再次和合作企业开展联合技术攻关，更新和升级生产方式。研究成果体现在 3 个方面：第一，推动产能快速增长和生产效率的提高；第二，推动了刨花板工业装备水平提高和设备国产化，同时提高了行业的经济效益；第三，对行业高速发展起到了推动作用。1990 年，我国刨花板产量大约是 50 万 m^3，如今已超过 6000 万 m^3。

经过 40 年的发展，整个人造板行业，尤其是刨花板的生产技术水平和产能得到快速提升。比较有代表性的工艺技术参数是，每生产 1mm 厚的板在 20 世纪 90 年代大概需要 15s，2000 年后需要 9s，2010 年需要 5s，2020 年加装了喷蒸预热装置后大概只需 3.5s。3.5s 是世界上最领先的技术水平，所以，经过同行们的共同努力，我国的刨花板生产技术水平居世界一流。

上述两项成果是作者团队针对行业产品质量差、生产效率低、生产成本高等问题，通过基础研究来指导技术创新、指导产品创制、重塑产品形象、引领行业发展的成功案例。

二、人造板工业挑战

（一）市场疲软、产能过剩

如今，国内、国际市场发生巨大变化，消费市场疲软，导致短时间内出现产能过剩的情况。如前文所述，我国人造板的产量、消费和出口量均出现下降现象，加上近年来还有生产线在不断建设和投产，产能持续释放，这对行业来说是一个巨大的挑战。

（二）产品同质化现象严重

人造板主要用于家装、家居室内领域，80% 的企业用的是同一种技术，应用市场也相对集中。对比欧洲、美国胶合板应用领域可知，我国的胶合板超过 80% 用于室内和建筑家居领域，胶合板在包装领域的应用仅占60%；反观欧洲，其应用则分配较为均衡。这对我国人造板行业来说也是一个巨大的挑战，此现状需要改变。

（三）企业创新主体和整个行业创新能力有待提升

作为科技人员，我们要服务国家、服务行业发展，要和企业合作，在这个时间点上，我们同行要以企业为主体，以市场为导向，通过产学研结合，开展行业技术创新，使企业真正成为研究开发投入的主体、技术创新活动的主体和创新成果应用的主体。

（四）环保要求更加严格

2021年，新的国家标准实施，对我们产品的甲醛释放提出了更严格的要求。现在企业都在追求3个等级：E_1级、E_0级、E_{NF}级。E_1级产品要经过饰面以后才能使用，现在有条件的企业都做E_{NF}级，不再做其他等级。我们的环保等级要求比欧美很多国家还严格，这可能受舆论影响，如很多新闻说人造板产品甲醛释放严重，大家谈醛色变，把甲醛妖魔化。实际上，我们的现实生活和甲醛密切相关，生活的环境中时时刻刻都存在甲醛。所以，我们应该正确地看待甲醛，只要板材甲醛释放量控制在合理范围即可接受。

（五）原料供应日趋紧张

前面已讲到，人造板行业维持着6000多万人的就业，但是最近几年，因原料供应不足导致的企业关停、工人失业的问题越来越突出，胶合板企业每年要关闭1000家左右。欧美等发达国家对我国木材进口限制越来越多，目前我国暂且可以依赖巴西、俄罗斯进口一些木材，但这是不可持续的。所以怎么解决原料问题？这不只是加工行业的问题，也是林学领域的行业问题。通过提高森林蓄积量，扩大我国人工林种植面积来解决原料问题，是需要林草行业共同努力的。当然，现在人造板行业变得很简单，对于我们这个行业来说就是"四棵树"——桉树、杨树、杉树、松树，它们是人造板行业的主要原料。但这 4 个树种采伐周期越来越短，原料品质越来越差，预计在今后几年，原料供应紧张的局面会越来越严峻。

（六）劳动力成本大幅度提高

人造板行业面临的另外一个问题就是劳动力成本越来越高，胶合板企业受到影响最大（大量企业关停）的根本原因就在于此，因为胶合板企业大量依赖人工，是劳动密集型的企业。2022 年年底，胶合板企业大概有 10800 家，而最近一次统计仅有 9800 家，大概有 1000 家企业被关停。另外，胶合板企业的生产线单线产能也仅为 2 万 m^3 左右，这与刨花板生产线产能有巨大的差别，产能不到刨花板单线产能的 10%。所以，该行业急需通过大量的科技投入和技术创新来重新提升竞争力。

三、人造板工业展望

（一）新型建筑材料研发

前面已经讲到，我国人造板 80% 用在了室内家具和装修上，对于其他领域较少涉及，与欧美发达国家相比，人造板产品种类不够丰富和多样。比如，在装配式建筑领域用到的工程木质材料（指接材、胶合木等）需要大量科技创新来提高品质和引导消费者使用。

（二）人造板加工连续化、数字化和智能化

现在劳动力成本越来越高，对于胶合板这样需要大量使用劳动力的产业可大力开发人造板机器人，实现生产加工的连续化和自动化，发展空间巨大。

定制家具的成本大部分来源于设计和制造部分，而不是原料成本，加工精美的 $1m^3$ 人造板成本也就 50 元左右，但消费者在买家具的时候，$1m^3$ 却变成了 400～500 元，有些甚至到了 800～1000 元，这种巨大的差异主要来自设计。大家现在都比较熟悉的 ChatGPT 解决了人工文秘的工作，基于此，如果有同行做一些基于大模型的室内和室外环境设计，或许将是行业新的增长点。对于从事高等教育的人员来说，或许以后人才培养也会用大数据和人工智能来做一些个性化的服务。

总的来说，经过几十年的发展，通过校企、校院、校所合作，通过引进、消化、吸收、再创新，我国人造板企业的创新研发能力得到快速提升，但人造板行业在数字化和智能化水平方面还比较落后，未来发展空间巨大，可以通过现行技术的一些改进，以及智能化、数字化创新来提高生产效率，降低生产成本。还可以通过人造板大数据和人工智能的结合，在国家层面形成完整的数据集。这些可能都是行业潜在的发展空间。

针对胶合板目前的生产方式，笔者和团队及众多同行正在通过连续化、自动化技术攻关来提高生产效率、降低成本，同时提高产品品质。

作者简介

杜官本，男，1963年生，西南林业大学教授、博士生导师，中国工程院院士，林业工程专家，木材科学与技术学科带头人，国际木材科学院院士并兼任执行理事。曾任西南林业大学副校长，现任国家生物质材料国际联合研究中心、云南省木材胶黏剂及胶合制品重点实验室等科研平台负责人，教育部高等学校林业工程类专业教学指导委员会副主任委员，中国林业教育学会副理事长和中国林学会常务理事。

长期从事人造板及胶黏剂研发，研究成果推动了人造板产品质量提升和生产效率提高，为我国人造板工业高速发展作出突出贡献。获省部级及以上科技奖励18项，其中，以第一完成人获国家科学技术进步奖二等奖2项，省部级科学技术奖一等奖5项；获第三届全国创新争先奖、何梁何利基金科学与技术创新奖、云南省科学技术杰出贡献奖等。发表论文380余篇；获授权国家、国际发明专利86件；出版中、外文学术专著14部。

第二篇

特邀学术报告

发挥森林"四库"功能，高质量发展林下经济

陈幸良

（中国林学会副理事长，中国林业科学研究院副院长、研究员）

2022年3月30日，习近平总书记在参加首都义务植树活动时指出，森林既是水库、钱库、粮库，也是碳库。"森林和草原对国家生态安全具有基础性、战略性作用，林草兴则生态兴。"森林"四库"及林草战略地位的科学论断形象概括了森林的多元功能与多重价值，生动阐明了森林在国家生态安全和经济社会可持续发展中的基础性、战略性地位与作用，为实现林草事业高质量发展指明了方向。

一、森林"四库"功能与林下经济

森林是陆地生态系统的主体，是人类的无价之宝，是永不贬值的财富。森林对维护生态安全、应对气候变化、支撑可持续发展、增进人类福祉具有不可替代的重要作用。森林"四库"论深刻揭示了森林与水资源、物质财富、粮食、碳汇之间的内在有机联系，是对"绿水青山就是金山银山"的"两山"理念的进一步诠释。

森林是水库。森林以其林冠层、林下灌草层、枯枝落叶层、林地土壤层等通过拦截、吸收、蓄积降水，从而改变降水的分配形式，改变大气降水的物理和化学过程，使其具有涵养水源、保持水土的生态服务功能。"森林是最好的保水工具，是水

---

* 2023年3月，在北京举办的森林"四库"学术研讨会上作的特邀报告。

的'财政部'，也是造价最低廉的水库"，这是新中国成立后，首任林垦部部长梁希对林水关系的深刻认识。

森林是钱库。森林可以向人类持续提供物质财富，供给多种有形产品和无形产品。森林既是"绿色银行"，又是"绿色财宝"。森林提供的有形产品包括木材、干鲜果品、木本油料、调料、香料、药材、工业原料、纤维、花卉、竹藤、林产化工产品、森林食品等，无形产品包括生态系统服务和康养、旅游、文化娱乐等，森林是提高城乡人民生产生活水平、促进增收致富的"宝贝"，是支撑经济社会可持续发展和绿色消费的不可或缺的物质基础。

森林是"粮库"。森林蕴藏着丰富的食物资源。我国34.64亿亩森林、近7亿亩经济林提供了丰富的干鲜果品、木本油料、饮料调料等森林食物，仅核桃、油茶、苹果、柑橘、桃、李、柿、枣、咖啡、茶等森林食物，年产量超过2亿t。森林食物是我国继粮食、蔬菜之后的第三大农产品，年产值超过2.2万亿元。习近平总书记指出，要树立大食物观，向森林要食物，向江河湖海要食物，向设施农业要食物，同时要从传统农作物和畜禽资源向更丰富的生物资源拓展，发展生物科技、生物产业，向植物、动物、微生物要热量、要蛋白。

森林是碳库。森林是陆地上最大的生态系统碳库，也是目前最为经济、安全、有效的固碳增汇手段之一。第九次全国森林资源连续清查报告揭示，目前我国森林植被总碳储量达91.86亿t，年涵养水量6289.50亿m^3、年固土量87.48亿t、年滞尘量61.58亿t、年吸收大气污染物量0.4亿t、年释氧量10.29亿t。森林碳汇基于自然过程，相比工业碳捕捉减排，具有成本低、易施行、兼具其他生态效益等显著特点。而且森林吸收固定的碳大部分储存在林木生物质中，储存时间长、年均累积速率大，相对于草地、湿地等生态系统具有不可比拟的优势。

林下经济是一种能够兼顾经济发展和环境保护的发展模式，是有效发挥森林

"四库"功能的经营形式，更是推动"绿水青山"源源不断带来"金山银山"的产业模式。

林下经济兼顾经济发展和环境保护，是满足人民对美好生活的新期待，适应绿色消费升级、促进绿色经济转型、实施美丽中国及健康中国战略的发展模式。发展林下经济，提供健康绿色、天然有机、健康营养的森林果品、森林蔬菜、森林香精香料，培育生态旅游、森林康养等新业态，是促进农业产业化，推动城乡融合发展，不断提升人民群众获得感、幸福感，促进绿色发展的重要举措。林下经济涉及加工、运输、物流、信息服务等产业，林业、农业、畜牧业、科技、医药、工商等部门，直接增加城乡就业机会。需要的专业技术达几十种，从而间接拓宽了相关行业领域的就业渠道，有助于实现整体区域人口的充分就业。

林下经济有效发挥森林"四库"功能，是实现森林服务价值，增强森林生态系统稳定性和可持续性，提供丰富的物质产品生态系统服务的重要经营形式。林下经济构建了复杂的生物链，促进多物种协调相生，形成稳定的生态系统；能够提高地表覆盖度，延缓水分蒸发，降低盛夏地表温度，有效抑制幼龄林地的水土流失和扬沙起尘等，有助于涵养水源、保持水土、保护生物多样性；能够提高单位面积生物量和光能利用效率，可以大大提高资源利用率；有效改良林下土壤，促进土壤成分改变，改善土地肥力，促进树木生长；可以增强土壤固碳、固氮能力，促进良好的化学循环；通过复合生态系统中乔木层、灌木层，保证林农、林药、林禽等复合生态系统的生态功能；提高生态系统生物多样性和稳定性；提高土地利用效率，充分利用森林多种资源，增进民生福祉。

林下经济推动"绿水青山"源源不断带来"金山银山"，是发展各类新兴产业，解决农民就业，实现"生态产品价值转换"的产业模式。林下经济依托森林、林地及其生态环境，遵循可持续经营原则，以开展复合经营为主要特征。它以林地承载或以森林生态环境为依托，多目标经营，经营周期实行长中短结合，科学利用生物资源和光、热、水、土、气等环境资源，产出天然、有机、绿色产品，有益人类健康和福祉。开展林下经济保护和生态系统修复、治理和改善自然环境，维系生态安全、提升调节服务功能，提供良好人居环境的服务，提供清新的空气、洁净的水源、清洁的土壤和宜人的气候等产品，推动生态产品价值提高，实现生态美、产业兴、百姓富。

二、推动林下经济高质量发展

近年来，我国林下经济得到了长足发展。下一阶段，林下经济要进入高质量发展阶段。其内涵是构建绿色健康可持续的森林生态经济体系，核心理念是"六个坚持"，任务是"四项重点"。

（一）构建绿色健康可持续的森林生态经济体系

应践行"绿水青山就是金山银山"理念，以现代林业产业为引领，以保护生态环境为前提，以提高林地综合效益为核心，以促进农民增收为目标，进一步释放林地资源潜力，优化资源管理制度，科学规划产业布局，大力发展林下种植业，适度发展林下养殖业，积极发展林下产品采集业，有序发展森林生态旅游康养业，促进林下经济全产业链融合发展，实现生态、经济、社会等多重效益，推动林下经济向绿色化、规模化、市场化、高效化发展，促进林业增效、农民增收、农村发展。

（二）树立"五个坚持"核心理念

坚持生态优先、绿色发展。在确保森林生态功能的前提下，推进林下经济绿色发展，促进产业生态化、生态产业化。

坚持市场导向、政策引导。遵循市场经济规律，充分发挥市场在资源配置中的决定性作用。发挥新型经营主体推动作用，促进林下经济一二三产业协调发展。完善服务体系，营造良好营商环境。

坚持因地制宜、突出特色。根据资源禀赋、经营传统和环境承载力，聚集发展要素，优化产业布局，突出优势和特色，培育主导产业、特色产业、新兴产业和生态产品品牌，提高林下经济产业效益。

坚持创新驱动、集约高效。加快机制创新、科技创新和产品创新，推动规模扩张向质量提升、要素驱动向创新驱动、分散布局向集聚发展转变，培育发展新动能，增强林下经济高质量发展后劲。

坚持产业融合、体系配套。加大一二三产业融合发展力度，增强产业聚集度，延长产业链，提升价值链，完善供应链，着力加强仓储物流等配套体系建设；增加产品附加值，使林下经济产业不断向纵深发展；鼓励自主创新，提高林下经济产品科技含量，创新产品内容和形式，推动产业提质升级。

三、确定"四项"重点任务

加快经营主体培育：鼓励各类社会资本进山入林，加快培育龙头企业、林业大户、家庭林场、专业合作社等林下经济经营主体。创建林下经济类国家林业重点龙头企业，支持科技含量高的企业申报高新技术企业。依托相关行业协会、龙头企业组织成立林下经济国家产业联盟以及重点产区联盟，培育优势产业集群。推动区域集群发展。

加快市场营销流通体系构建：支持重要林下经济产品集散地、林下经济优势产品产地市场建设，培育区域性中心市场。拓展线上市场，推进传统营销模式与电商集群、直播带货等新兴营销模式共同发展。畅通物流体系，统筹线上线下流通网络布局，建立健全覆盖林下经济产品收集、加工、运输、销售各环节的物流体系。

推进品牌建设：鼓励制定林下经济产品品牌发展规划，将市场潜力大、产业优势强、区域特色突出、产品附加值高的产品列入发展规划，形成主导产业；强化品牌战略意识，联合做强区域品牌；完善林下经济标准体系。

深化林下经济示范基地建设：制定林下经济示范基地建设指南，完善准入制度与考核制度，强化动态监管，加大对林下经济示范基地的支持力度。

四、优化林下经济的政策措施和技术模式

（一）政策措施

1. 完善科学利用林地资源政策

鼓励利用各类适宜林地发展林下经济，对符合条件的公益林、天然林，要在保障生态功能不下降的前提下，允许进行科学适度的抚育间伐。持续深化集体林权制度改革，进一步放活集体林地经营权，鼓励社会资本依法取得林地经营权以发展林下经济。允许通过租赁、特许经营等方式，有偿使用国有森林资源资产发展林下经济。在利用林地发展林下经济时，在不采伐林木、不影响树木生长、不造成污染的前提下，允许放置移动类设施、利用林间空地建设必要的生产管护设施、生产资料库房和放置采集产品的临时储藏室，相关用地均可按直接为林业生产服务的设施用地管理，并办理相关手续。

2. 推进林下经济高效融合发展

完善林下经济上下游产业配套，促进林下资源培育与加工制造有效衔接。推进林下经营主体做大做强，积极申报国家、省级林业龙头企业，引导龙头企业发挥资金、技术和管理优势，打造一批国家林下经济示范基地，示范推广先进实用技术和发展模式。积极发展家庭林场、林业专业合作社、股份合作林场等新型经营主体，引导适度规模经营，大力推广"企业＋合作社＋基地＋农户""订单生产"等运作模式。

3. 科学确定林下经济发展的产业类别、规模以及利用强度

因地制宜推广林药、林菌、林花、林苗等种植模式。有序发展林下种植业。根据中药材品种的不同习性，在林下选择种植道地药材。选择交通方便、水源可供的林地，在林下采取近野生方式重点培育高产高效菌类、耐阴性花卉苗木和其他经济植物。适度发展林下养殖业。推广林禽、林蜂等养殖模式。以地方特色优质品种为主，适度放养鸡、鸭、鹅等禽类。充分利用林下空间，将林下养殖统筹纳入畜禽良种培育推广、动物防疫、加工流通和绿色循环发展体系，促进林下养殖业向规模化、标准化方向发展。

4. 推进森林旅游与森林康养做大做强

提升森林生态系统质量，科学开展森林抚育、低产低效林改造，加快推进森林景观绿化美化，建立一批"乡村森林公园""森林康养基地"等，形成一批特色森林康养旅游线路，打造森林康养旅游示范性景区。充分发挥森林生态系统服务功能，大力培育森林康养旅游新业态、新产品。积极发展森林医养、森林研学、森林旅居、森林温泉、森林运动、森林食疗等类型产品，逐步完善森林旅游与森林康养产品体系。

5. 构建林下经济科技支撑体系

加强种质资源保护与品种选育。建立一批种质资源库和种质资源保护区、保护地、保护点，保护野生药材种群和种质资源，加快选育、推广适应机械化作业的优良品种和栽培方式。鼓励和支持高校、科研院所、企业开展林下经济发展相关的良种培育、优质丰产栽培、采收加工、储藏保鲜、质量检测、林机装备、水土保持等方面的关键技术研发。推行林下经济良种良法、近野生栽培、病虫害绿色综合防治、林机装备、循环利用、储藏加工、质量检测等关键技术的集成示范、成果推广与服务。加强林下经济产业人才培养，大力实施科技特派员行动、送科技下乡活动等。

6. 加强产学研用融合发展

发展林下产品深加工产业，延伸产业链条。支持龙头企业、产业联盟、高校与科研院所自主或联合申报建设省部级及以上林下经济重点实验室、技术创新中心、工程研究中心等高水平科技平台。支持研发条件好、创新能力强的龙头企业申报高新技术企业和企业技术中心。强化产销对接服务。建设林下经济产品信息发布平台，加强市场供求信息服务，引导产销衔接、以销定产。通过股权投资、订单采购等方式引导流通主体与生产主体建立稳定利益联结关系，优化提升林下经济产业链、供应链。做大做实林下产品销售专区、专柜、专馆和定向直供、直销渠道，打造一批林下产品直供体验店。

作者简介

陈幸良，男，1964年生，中国林业科学研究院研究员、博士生导师，享受国务院特殊津贴专家。现任中国林业科学研究院分党组成员、副院长（正司局级）。兼任中国科学技术协会第九届、第十届委员会委员，中国林学会副理事长、林下经济分会主任委员。主要研究方向为森林资源与环境、森林生态经济、农林复合经营、林下经济等。先后主持国家攻关和多项行业重大科研专项，获得省部级科学技术进步二等奖3项。发表论文80多篇，出版著作10部。多次参加中央、国务院重要林业政策文件起草。主要成果和代表论著如下：《中国森林供给问题研究》《栎类经营》《林下经济与农林复合系统》《华北平原林下经济》《林下经济学的缘起、发展与展望》、*Discussion on the Status and Functions of China's Forestry* 等。

深刻认识人与自然关系，科学开展生态恢复

崔丽娟

（中国林业科学研究院副院长、研究员）

自然是人类赖以生存发展的基础，人与自然的关系是生态学研究的范畴，也是指导生态恢复的理论基础。人与自然和谐共生的现代化已经成为中国生态文明建设的重要内容之一，强调了人类与自然之间相互依存、相互促进的关系。在实施生态恢复时，需要充分认识人与自然的关系，了解、尊重和尊崇自然规律。

一、对人与自然关系的认识

（一）人与自然的关系复杂而多变

人与自然的关系是复杂的、多维度的，也是持续发展和不断变化的。人类的生存和发展离不开自然环境，人类活动也会对自然环境产生各种各样的影响。水、空气、食物和能源等都是人类生存和发展的物质基础，这些又都取自自然。在人类文明的早期阶段，人类通过采集野生植物和狩猎野生动物来获取食物，生活方式和社会结构都受到所能获取到的自然资源的数量影响。随着人类文明的发展，工业化、城市化进程的推进，人类获取自然生存资源的能力越来越强，人类对自然资源的消耗和破坏也越来越严重，导致全球气候变化、生物多样性丧失和土地退化等多种问

---

* 2023年5月，在浙江杭州举办的首届全国林草青年科学家50人高端对话会上作的特邀报告。

题愈发严重。据《中国气候变化蓝皮书（2020）》，全球平均温度比1850年增高了1℃左右。2020年的《地球生命力报告》显示，1970—2016年，全球地球生命力指数呈现显著下降的趋势，哺乳类、鸟类、两栖类、爬行类和鱼类的种群数量平均减少了约68%；生物多样性完整性指数（79%）远低于安全下限值（90%），并且仍在不断下滑（图1）。人类活动对自然的直接或间接影响是生态退化的根源。

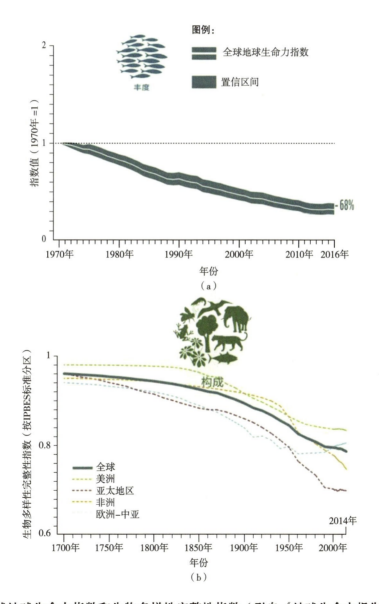

图1 全球地球生命力指数和生物多样性完整性指数（引自《地球生命力报告》，2020）

根据我国科学家的研究，在过去 6000 年里，人类主要生存在年平均气温为 11～15℃的地理范围里。但在未来 50 年里，将有 10 亿～30 亿人可能无法适应气候变化，在气候变化没有缓解或人口不迁移的情况下，全球 1/3 的人口将面临年平均气温大于 29℃的情况。因此，人类要不断调整生产生活方式，降低对自然环境的影响，减缓气候变化及其带来的潜在生态退化。

党的二十大报告提出中国式现代化的特征之一就是人与自然和谐共生的现代化，人与自然的和谐已成为我们追求的目标之一。然而，由于人类无法长期脱离自然而独立存在，人类对自然影响的行为会长期存在，造成的不良后果也会长期存在。如何实现人与自然和谐共生？我们首先应从中国传统文化中寻觅人类的智慧。

（二）中国传统文化中人与自然相处的智慧

追本溯源，人与自然和谐共生的生态理念是对中国古代"天人合一""道法自然""共生"等朴素自然观和马克思主义辩证自然观的继承与发展，是新时代习近平生态文明思想的集中表达。

中国古代提出的"天人合一"是朴素的生态思想萌芽，它启迪了我们对自然的认识。很多影响着中国古代文明起源和发展的哲学思想、典籍著作，甚至政令法规中，都强调人要与自然共生共存。无论是《庄子·齐物论》的"天地与我并生，而万物与我为一"，还是《荀子·天伦》的"万物各得其和以生，各得其养以成"，都明确提出了人与自然的关系，提出了"天人合一"的自然生命观，即人与自然是一个统一的整体。随着社会的发展，改造自然的技术手段也在不断进步，人逐渐丧失了自然的本性，人和自然逐渐出现了对立的情况。

"道法自然"是中国早期的道家思想，可以理解为对自然法则和自然规律的尊重和顺应，这里的"自然"意指要顺从事物本来的规律。自然界是一个包容万物的系统，而人类仅仅是其中的一分子，应当与自然和谐相处，行事要遵循事物的本来规律。《道德经》的"道法自然,无为而治"强调不要过度干预自然,让事物保持其自身的平衡、和谐与发展,而不是什么都不做。《齐民要术》的"顺天时,量地利,则用力少而成功多,任情返道,劳而无获"也讲了同样的道理。顺应自然规律,是我们现在和未来在做生态治理、生态管理等工作时要秉持的重要理念。

保护自然、合理利用自然是实现可持续发展的重要途径,也是中华文化自然观的核心内容之一。《国语》载:"晋闻古之长民者,不堕山,不崇薮,不防川,不窦泽。"这段文字阐述了管理者应避免对自然生态做出不良影响的行为,强调了人类对自然的保护。《逸周书·大聚解》载:"禹之禁,春三月,山林不登斧斤,以成草木之长;夏三月,川泽不入网罟,以成鱼鳖之长。"这段文字强调了应适时和适度地收割和捕捞,要给自然种群的恢复留出充足的时间。

"共生"思想最初产生于我国传统的农耕活动,后被广泛应用在生态恢复中。《广志绎》写道:"草鱼食草,鲢则食草鱼之矢,鲢食矢而近其尾,则草鱼畏痒而游……故鲢、草两相逐而易肥。"这段文字阐述了自然界中生物之间微妙的关系,表达了生物之间存在相互依存、相互促进的道理。明末清初,浙江杭嘉湖地区形成了"农－桑－鱼－畜"相结合的农业生产方式,衍生出了桑基鱼塘、柿基鱼塘和竹基鱼塘等多种包含"共生"思想的农耕模式,实现了废物的循环利用,减少了废物对环境的污染。物种间互惠互利的共生关系是生态恢复中物种选择和配置的重要依据。

(三)现代科学技术影响下的人与自然关系

科技进步为缓解人类对自然的影响提供了新的途径。例如,使用太阳能、风能和地热能等清洁能源,能够降低化石能源消耗和温室气体排放;资源循环利用和节能技术提高了资源和能源的利用效率,减少了废物排放和能源消耗;污染控制技术降低了工农业生产和生活污染物的排放,提高了净化处理污染物的科技水平;数字化信息化技术实现了生态监管及生态退化预警。

虽然现代科学技术能解决很多问题，但我们也应该认识到，无论现代科技如何发展，我们还是要秉持生态问题要最大可能地由生态办法来解决的原则。生态恢复的目标应设定为自然或接近自然的状态，并更多依靠自然的力量，在恢复过程中要以生态系统演替为主，人工干预为辅，通过近自然的途径实现生态恢复。

二、近自然恢复理论的科学基础

（一）近自然理念

较早提出近自然理念的是德国学者，该理念主要用于森林资源管理方面，强调模仿自然生态系统的管理方式，以实现森林资源的可持续利用。1962年，著名生态工程学家Odum提出的生态工程概念也将近自然理念纳入其中，即运用少量的辅助能量对某一系统进行调控，辅助能量主要来自自然，是以自然调控为主、人为调控为辅的一种措施。20世纪80年代，日本、中国台湾提出的"近自然工法"广泛应用于工程建设、流域治理等方面，强调工程措施实施中"近自然"材料的应用、景观美学的考量，以及各生态因子的和谐统一等。如倡导在岸带的恢复中，应尽量使用石块、木桩等自然材料，避免使用钢筋、水泥等人造的硬质化材料（图2）。

（a）近自然溪流恢复　　　　　　　　（b）近自然岸带恢复

图2　近自然恢复模式（引自网络）

（二）空间自组织理论

"近自然"恢复能够实现的核心原因是生态系统具有"自组织"能力。生态系统在人类活动和自然环境变化的影响下不断改变着它的状态，并且常常靠自我调节趋向于达到一种稳态或平衡状态。调节主要是通过反馈进行的，当生态系统中某一组分发生变化时，会引起其他组分出现相应的变化，这种变化又会反过来影响最初发生变化的那种组分，使其变化减弱或增强。其中，负反馈能够使生态系统趋于平衡或稳定状态，草原生态系统中的狼和兔子能在数量上保持动态的稳定就是基于这个原理。当生态系统受到轻微的外界干扰破坏时，一般可通过自我调节使系统得到恢复，维持其稳定与平衡。因此，生态恢复要由原来的工程思维向促进自然演替思维转变，诱导生态系统自组织行为产生，实现预期的恢复目标。

生态系统的空间分布符合某种普遍存在的"秩序性"特征，空间自组织是湿地稳态形成和地理分异的驱动机制，在生态系统突变触发、临界慢化等非线性行为中扮演重要角色。生态系统功能在面临外界干扰和胁迫时，可能会发生急剧的稳态转换，而生态系统空间自组织的存在减缓了生态系统稳态的急剧转换。其原理是图灵提出的"活化子-抑制子"理论，即快速扩散的抑制作用与慢速扩散的活化作用耦合是自组织格局出现的共性机理。在生态系统中，这种机理通常表现为"尺度依赖的反馈调节"，包括短距离的正反馈调节和长距离的负反馈调节。例如，滨海湿地中植物在短距离上存在互利作用抵御胁迫从而提升存活率，但在长距离上存在营养等竞争作用。

（三）合理利用理念

"合理利用"的概念来源于《关于特别是作为水禽栖息地的国际重要湿地公约》（简称《湿地公约》），湿地的合理利用通常被理解为湿地保护前提下的资源可持续利用，在维持湿地生态特征的同时提供生态系统服务。湿地生态特征不仅包括生态系统的组分（生物组分和非生物组分）、过程（如水文过程、生物地球化学过程等）及生态系统服务，还强调人类作为资源使用者与湿地各组成部分之间的相互作用，及其对湿地特征的影响。这个框架不再局限于狭义的生态系统服务范畴，而是将其嵌入动态的社会-生态系统框架中。合理利用的实践应转化为维持湿地生态特征，而非简单地保持某一理想的生态系统状态。由于湿地受人为活动和气候变化等外部因素影响显著，管理目标应从追求生态系统稳定状态转向增强生态系统韧性，确保其出现不可逆的转变或超出健康生态系统的阈值。

三、湿地近自然恢复理论与技术

（一）湿地恢复的基本范式

尽管湿地类型多样，湿地面临的威胁也较为复杂，但湿地恢复的本质是生态系统结构和功能的恢复，因此可遵循统一的恢复范式。具体恢复程序可包括：问题及风险分析、恢复方向和目标的确定、现状评估、恢复方法的选择和最佳方案的确定、恢复工程的设计，以及监测和评估。其中，前期问题分析、评估和恢复方案的确定在整个恢复流程中占有重要的比重。其中的恢复方法可以分为被动式的恢复和主动式的恢复，不同的恢复措施所对应的人为干预强度和经历的时间有所不同。对于严重退化的湿地，恢复所需的时间更长，需要更多的人为干预。

（二）湿地恢复的"生态杠杆"理论与技术

在对恢复方法的不断探索中，笔者提出了湿地恢复的"生态杠杆"理论和方法，该理论是在湿地生态系统发育与演化规律的基础上，对空间自组织、多稳态和生态韧性等理论的融合和拓展。针对受困于"退化稳态"难以自发恢复的湿地生态系统，创新提出优先建立适宜的小面积湿地单元作为"恢复支点"，以受损湿地的生态自组织过程为"恢复杠杆"，将微小干预持续放大，驱动湿地单元由离散斑块逐步扩张融合，进而达到近自然恢复的目的。可根据湿地受损的程度、自然地理条件和资源分布状况，确定恢复支点的数量、面积和类型，在判别生态杠杆的作用域与恢复边界的基础上，推动单支点相互作用促进多支点联动融合，实现受损湿地的全域恢复。该理论可推广应用到湿地之外的其他生态系统中。

（三）湿地生物链修复技术

湿地出现生态问题的重要原因之一是生物链关键环节薄弱甚至断裂。湿地生物链不仅包括湿地生物之间的捕食关系，还包括湿地生物之间的共生和制约关系。共生反映了生物与生物之间互相依赖、互利共生的关系，如水牛与白鹭存在共生关系，水牛身上的寄生虫可以为白鹭提供食物，而白鹭通过觅食清理掉水牛身上的寄生虫，让水牛健康生活；制约关系体现在湿地生物之间对光线、营养物质和空间领域的竞争等。因此，在湿地恢复的时候，需要通盘考虑整个生物链是否完整和健全，针对生物链利用能值的方法判断哪个环节出了问题，并采取针对性的措施进行生物链的修复，以期实现湿地生态功能的恢复。

四、近自然恢复的原则与思路

一是要考虑多生态要素联合恢复与调控。例如，在恢复湿地的净化功能时，可充分利用水文调控－植被管理－微生物调节等多种方式，提升湿地植物微生物的协同净化功能，进而实现可自然维持的长期净化效果。

二是利用自组织能力诱导生境演替实现恢复。在生境恢复时，利用大型无脊椎动物行为对生境微地形和基底改造的作用，以及植物群落对水文动能的削减作用与互馈机理，通过建群种定植并改变微生物群落与底栖环境，诱导并驱动生态系统的自组织行为，形成多要素耦合、多功能协同的多目标物种生境，实现退化生境的恢复。

三是统筹考虑恢复时序及生态系统的完整性。对于生境退化的湿地，应分析水鸟繁殖营巢地、越冬栖息地和迁徙停歇地的生态功能及限制因子，以自然恢复为主结合主动干预，统筹考虑水鸟生境质量多梯度、多生境、多因子、多营养级之间的相互作用，确保调控措施在不同梯度和生境中都能发挥积极作用。

五、总　结

联合国环境规划署将2021—2030年定为"生态系统恢复十年"，该十年倡议的全球使命是恢复数十亿公顷的各类生态系统。生态系统修复意味着预防、制止并逆转对生态系统的破坏——从开发自然到治愈自然。深刻理解人与自然的关系，明确人工修复力量的边界有助于实现这一恢复目标。在生态恢复设计时，要充分利用生态系统内在的规律来推动生态恢复；生态恢复也不能急功近利，要给生态系统自我调整、自我恢复的时间。中国传统生态哲学思想内涵丰富、博大精深，在现代生态学理论支撑下，也要充分挖掘传统的生态学思想，不断进行融合创新，科学开展生态恢复。

作者简介

崔丽娟，女，1968年生，中国林业科学研究院研究员、博士生导师、副院长。长期从事湿地生态过程与机理、湿地保护与修复技术研究。围绕国家湿地保护修复重大需求，创建了湿地恢复基本范式，研发了湿地近自然修复技术体系，为我国湿地的科学修复作出了突出贡献。先后主持国家重点研发计划、林业公益性行业专项和北京市科技计划等重大项目，以第一作者和通讯作者身份发表论文270余篇；出版学术著作14部。牵头制定行业和地方标准14项，为湿地保护恢复工程提供了核心技术支撑。是入选国际《湿地公约》科技委员会的首位中国专家，并出任工作组组长；获国家科学技术进步奖二等奖（排名1）、光华工程科技奖、国际湿地科学家学会卓越成就奖（首位华人获得者）、第三届全国创新争先奖等奖项。

沙棘遗传改良与产业化栽培技术创新

张建国

（中国林业科学研究院林业研究所所长、研究员）

沙棘是胡颓子科沙棘属植物的总称。沙棘属共有 5 种 7 亚种，广泛分布于欧亚大陆的温带、寒温带及亚热带高山地区。我国有沙棘属植物 5 种 3 亚种，有沙棘林面积约 130 万 hm^2，主要分布于西北、华北、西南等 20 个省（自治区、直辖市），占世界沙棘面积的 80% 以上，我国是沙棘资源最多、物种多样性最丰富的国家。沙棘是生态价值和经济价值双优树种，是我国三北地区生态建设和我国植被恢复的先锋造林树种。1977 年，沙棘被列入《中国药典》，为药食同源植物，被称为"维生素 C 之王"和"超级水果"。沙棘果实、种子和叶片富含生物活性物质，已发现的多达 428 种，在心血管疾病防治、癌症预防、皮肤烫伤烧伤的快速修复等方面具有极高的医疗价值和开发潜力。但是，长期以来，我国沙棘产业主要利用天然林资源，从而导致天然林资源大幅度衰减（从 220 万 hm^2 降到 130 万 hm^2），加之良种、繁育和加工技术研发滞后，严重制约了我国沙棘产业的可持续发展。从我国三北地区生态修复与经济发展的迫切需求来看，急需大力发展沙棘资源，创建和培植沙棘产业，其中突破沙棘资源的高效培育和产业化技术瓶颈，成为沙棘产业可持续发展的核心关键技术问题。基于此，从 1998 年开始，中国林业科学研究院林业研究所沙棘团队在国家林业局科技司

---

* 2023 年 12 月，在浙江湖州举办的第二届梁希大讲堂上作的主旨报告。

的支持下，启动和实施了沙棘遗传改良和产业化栽培技术研究，研究历时25年，先后得到引进国际先进农业科学技术计划（简称"948"计划）、国家高技术研究发展计划（简称"863"计划）、"十五"国家攻关项目、林业行业重点专项、国家自然基金项目、中央财政推广项目等25个项目的支持，在沙棘重要性状形成的分子机制、良种选育、规模化栽培与高效加工利用技术等方面取得了一系列重要进展，显著提升了我国沙棘遗传改良水平，构建了规模化栽培和加工一体化产业技术体系。

一、主要创新成果

（一）揭示了沙棘基因组进化机制，初步解析了重要性状形成的分子机制

组装出高杂合度蒙古沙棘染色体级别的高质量基因组，共注释30864个基因，Contig N50和Scaffold N50分别达到2.15Mb和69.52Mb。研究发现，沙棘与核心真双子叶植物共享全基因组六倍体化事件（γ事件）后，又经历了两次最近的全基因组加倍（WGD）事件，分别发生在2400—2700万年前和3600—4100万年前，两次加倍事件与渐新世全球大降温事件密切相关。发现两次全基因组加倍事件导致沙棘基因组大规模的分离和重组，14条祖先染色体共发生了29次融断，反映出沙棘基因组进化的复杂性（图1）。发现沙棘基因组的扩张与两次全基因组加倍事件无关，主要是重复序列LTR的扩张所致。由于LTR的扩张为近700万年前的事件，沙棘基因组的扩张可能与适应青藏高原隆升环境的剧烈变化相关。重测序发现，沙棘调控果实中脂肪酸、抗坏血酸合成形成的关键基因 *FAD2*、*LOX*、*GalPP* 和 *GGalPP* 与沙棘基因组加倍事件的扩张相关，也是造成中国沙棘和蒙古沙棘维生素C和脂肪酸含量差异的重要机制。

转录、蛋白和代谢联合分析发现，沙棘浆果着色主要取决于番茄红素和β-胡萝卜素含量和累积的差异，当番茄红素和β-胡萝卜素含量比值较大时呈现红色，

反之为黄色。发现在沙棘维生素C生物合成过程中除了植物共享的4条代谢通路，可能还存在第5条途径，即糖醛酸途径，这是植物维生素C合成中的一个重要发现。

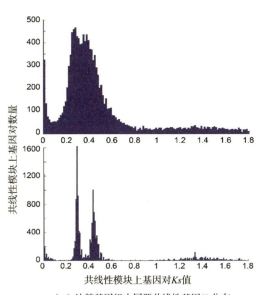

(a) 沙棘基因组中同源共线性基因Ks分布

(b) 沙棘基因组内共线性区域内同源基因点图。显示沙棘与核心真双子叶植物共享全基因组六倍体化事件（γ）后，又经历了两次（α和β）最近的全基因组加倍事件

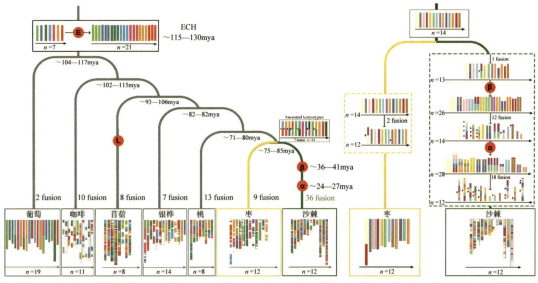

(c) 沙棘的核型演化。两次全基因组加倍事件后发生了大规模的基因组分离和重组，导致14条祖先染色体共发生了29次融断

图1 沙棘基因组进化

注：mya 表示百万年；fusion 表示融断。

共发现调控沙棘果实生长发育的 118 条差异 LncRNA 和 32 条 micro RNA，这些差异表达的 LncRNA 与维生素 C、类黄酮和胡萝素的合成相关。基因沉默和亚细胞定位发现，LNC1 和 LNC2 是以内源性模拟靶标（eTMs）的方式来分别调控 miR-156a 和 miR-828a 的表达进而分别降低和升高转录因子 SPL9 和 MYB114 的表达，从而调控沙棘果实成熟过程中花青素的合成和累积。

研究发现 2616 个与沙棘果实发育相关的环状 RNA，其中 252 个环状 RNA 在沙棘果实不同发育时期差异表达，并与类胡萝卜素生物合成、脂质合成和植物激素信号转导相关。

发现 m6A 甲基化位点广泛分布于沙棘染色体中，且 m6A DNA 甲基化水平随着果实的成熟而下降，明显影响部分果实成熟相关基因的表达，表明 m6A DNA 修饰对沙棘果实成熟具有调控作用。

沙棘具有较强的抗旱性。研究发现脱落酸和类黄酮信号途径协同调控中国沙棘和蒙古沙棘两个亚种抗旱性的差异。发现非编码 RNA、DNA/RNA 甲基化、组蛋白 H3K9ac 等表观遗传修饰在沙棘逆境响应中也具有重要的调控作用。2D-DIGE 与 MS2 分别鉴定到 51 个和 32 个显著差异表达的干旱和低温胁迫响应蛋白，涉及代谢、光合作用、信号转导、抗氧化作用和蛋白质翻译后修饰等多个代谢和调控途径，表明沙棘的抗逆性是整体抗逆机制，研究成果于 2016 年以封面论文形式发表于蛋白质组学权威杂志 *Proteomics* 上。

（二）揭示了蒙古沙棘大果沙棘品种在我国的适应性地理变异规律及其适应性机理，选育出国审大果沙棘良种 13 个，省审良种 3 个，提出了三北地区大果沙棘栽培区区划及丰产栽培模式（图 2～图 5）

三北地区 11 省（自治区、直辖市）10 年多点多品种区域化定位试验和示范结果表明，从高纬度的俄罗斯、蒙古引进的蒙古沙棘大果品种到我国沙棘大国，其生长和适应性随纬度下降而下降、随海拔的升高而增强。棘刺数随纬度下降有增加的趋势，棘刺数的增加是大果品种对干旱和高温环境胁迫的一种适应性反应。果实成熟期的变异趋势是纬度越低成熟时间越早，海拔越高成熟时间则越晚。以上规律的发现为大果沙棘在我国栽培区和品种的选择奠定了坚实的基础。

AMMI模型分析发现，三北地区不同试点、不同品种、试点与品种互作对大果沙棘单位面积果实产量影响均达到显著水平，且试点对产量的影响显著高于品种，表明影响大果沙棘在我国的适应性的主要因子是环境因子，即栽培区域的气候和立

图2　内蒙古磴口大果沙棘品种区域化试验区

图3　黑龙江绥棱大果沙棘品种区域化试验区

图4　楚依（编号：国S-SC-HR-023-2013）

图5　棕丘（编号：国S-SC-HR-033-2012）

地条件。其次是品种，表明大果沙棘的栽培首先应确定和选择适生区，然后是选择品种。大果沙棘品种的气候适生区主要包括东北三省和内蒙古东北部地区，黄河以北的中西部地区和青藏高原的部分地区。基于我国 30 年气象数据、地理坐标－海拔数据集，结合 10 年沙棘区域化试验数据，对大果沙棘品种在我国的适应性进行了区划，提出大果沙棘在我国的栽培区可划分为 3 个不同适生栽培区的方案。具体为：最适栽培区，东北三省北纬 40° 以北地区和内蒙古东北部地区。大果高产沙棘品种可直接应用于生产。适生品种有'楚伊''金色''丰产''乌兰格木'等 11 个引进品种，最优品种为'楚伊'。适宜栽培区，北纬 40° 以北中西部地区。本区属干旱和半干旱区，需要灌溉条件。适生品种有'金色''向阳''乌兰格木''橙色'等 9 个品种，最优品种为'金色''向阳'和'乌兰格木'。栽培驯化区。北纬 40°以南地区，本区除一些高海拔地区外（3000m 以上），低海拔区大果沙棘栽培有一定困难，普遍生长不良，需将引进材料进行消化吸收再创新，培育高产抗高生态经济型优良杂种。通过实生选育，共选育出适宜三北地区栽培的无刺大果沙棘新品种 7 个，具体为'绥棘 1 号''HS4''HS6''棕丘''白丘''乌兰沙林'和'草新 2 号'。新选育的大果品种百果重 35～60g，产量为每亩 300～500kg，丰产性与引进品种相当，但抗逆性（抗性指数 0.50～0.65）显著高于引进大果品种（抗性指数 0.35～0.55）。

（三）提出了生态经济型沙棘优良杂种选育技术及其标准，选育出优良杂种 55 个（图 6），其中国审优良杂种 6 个，授权新品种 7 个；提出了 2 种沙棘杂种种子园种质创制新技术，发现杂种黄酮和脂肪酸 4 条重要变异规律

基于中国沙棘果小、刺多、耐热、耐瘠薄性强而蒙古沙棘果大、刺少、耐热性弱、耐寒性强的特性，提出以融合中国沙棘和蒙古沙棘特性，选育耐热、耐寒、果大、刺少的生态经济型杂种的技术路线。研究发现蒙古沙棘作为母本和中国沙棘作

(a) '红棘1号'　　　　　　　　　　　　(b) '红棘2号'

(c) '中棘1号'　　　　　　　　　　　　(d) '中棘2号'

图6　沙棘优良杂种

为父本，杂种子代变异大，特别是棘刺数、百果重、单株果实产量等重要经济性状的遗传分化程度比较大，表明沙棘生态经济型杂种选育潜力巨大和可行性。

根据连续10年对杂种生长、产量和适应性的定位观测和综合评价，提出了基于果实大小、棘刺数量、单株产量为核心指标的生态经济型杂种优良无性系选育标准。具体为：生长迅速，树高和地径与父本中国沙棘接近，单株产量是父本中国沙棘的2倍以上、母本的1.2倍以上，2年生10cm枝条棘刺数0～6个，显著少于父本中国沙棘（8～12个），与母本相同（0～1个）或高于母本（1～2个）。20年杂交选育，共选出高抗丰产优良杂种55个，其中早熟型杂种40个，晚熟型杂种15个；

高维生素C杂种5个（400mg/100g以上），高油高不饱和脂肪酸杂种15个（80%以上）。10年综合评价和试验示范显示，杂种生态经济价值明显优于双亲，适宜我国北纬40°以南地区广泛栽培。

基于蒙古亚种（母本）和中国亚种（父本）杂交具有明显的杂交优势的特点，进一步提出了2种种子园杂种制种技术，可实现杂种种子的规模化生产。种子园技术1：选择大果品种'楚伊''向阳''金色''棕丘''乌兰沙林'等为母本，中国沙棘无刺雄株为父本，建立种子园，母本与父本比例9:1，进行控制授粉或自由授粉。特点是可实现定向杂交制种，杂种林分果实产量比中国沙棘增加30%～120%。种子园技术2：选择生态经济型杂种无性S1～S45为母本，'阿列依'（蒙古沙棘优良雄株无性系）为父本，建立自由授粉种子园，杂种林分果实产量比中国沙棘增加20%～100%。

发现叶片总黄酮含量显著高于种子和果实，而种子则高于果实，叶片是沙棘黄酮高效提取最有效的组织。发现湿润区叶片总黄酮显著低于干旱区。发现果实、种子和叶片黄酮组分含量及其比例呈现一定的规律。叶片中槲皮素和异鼠李素是黄酮主要组成成分，二者均显著高于山柰酚；槲皮素和异鼠李素均随总黄酮质量数的增大而增大，而山柰酚则变化不明显。种子中3种黄酮组分均随着总黄酮质量数的增加而增加，但3组分质量数差异不显著，组成结构与叶片完全不同。叶片3种黄酮组分随总黄酮质量数的增加而增加，其中槲皮素增加幅度更大，而异鼠李素质量和山柰酚差异不明显。

发现杂种种子不饱和脂肪酸含量显著高于饱和脂肪酸。饱和脂肪酸组分棕榈酸和硬脂酸的含量均随总脂肪酸含量的增加而增加，当总脂肪酸含量达到一定值后开始逐渐下降。不饱和脂肪酸油酸、亚油酸和亚麻酸含量均随总脂肪酸含量增加而增加，当总脂肪酸含量高于85%以后，油酸、亚油酸和亚麻酸含量均逐渐超过棕榈酸，显示出不饱和脂肪酸迅速增加的规律。以上规律的发现为高不饱和脂肪酸、高黄酮品种的选择和加工利用奠定了坚实的理论基础。

（四）构建了沙棘良种繁育、优化栽培和开发利用一体化的规模化产业技术体系（图7）

以"无刺大果沙棘繁育方法""一种沙棘硬枝扦插育苗方法"等发明专利技术为核心，系统构建了三北地区4个不同生态栽培区沙棘优良品种规模化嫩枝扦插育苗技术体系，扦插移栽成活率为70%～90%，年培育良种苗1500万～2000万株，为良种的规模化栽培奠定了坚实的基础。4个不同生态栽培区嫩枝扦插规模化育苗技

（a）干旱　　　　　　　　　　　　　　　（b）半干旱

（c）高寒湿润　　　　　　　　　　　　　（d）高寒干旱

图7　4个不同生态区规模化嫩枝扦插育苗

术体系具体为：干旱区，露地采穗圃+草帘温室沙床+嫩枝扦插+全光雾自动喷雾扦插技术；半干旱区，露地采穗圃+露地沙床+嫩枝扦插+全光雾微喷扦插技术；高寒地区，温室采穗圃+温室沙床+嫩枝扦插+全光雾微喷扦插技术；湿润地区，露地采穗圃+塑料温室+沙床+嫩枝扦插+全光雾微喷扦插技术。

提出了3个不同生态栽培区优良品种规模化栽培模式，经济效益提高15%以上。具体为：最适栽培区，东北三省北纬40°以北地区和内蒙古东北部地区。适生品种有'楚伊''丰产''阿尔泰新闻'等11个引进品种和7个新选育大果品种。最优品种有'楚伊''绥棘1号''棕丘'和'乌兰沙林'。栽培模式为3m×1.5m低密度与大豆、土豆等作物间作，产量4500～7500kg/hm²。适宜栽培区，北纬40°以北中西部地区。适生品种有'金色''向阳''乌兰格木'等9个引进品种和7个新选育大果品种。最优品种有'向阳''金色''乌兰格木''棕丘'和'乌兰沙林'。栽培模式为3m×1m低密度与花生、甜菜、苜蓿、籽瓜、胡萝卜等间作，产量3000～4600kg/hm²。杂种栽培区，北纬40°以南地区，大果沙棘品种普遍生长不良，没有生产价值。适生品种为生态经济型杂种S1～S45或杂种种子园种子。

提出了沙棘系列高附加值产品深加工技术，显著提升了我国沙棘产业化水平和经济效益。在活性物质提取工艺方面，研发出沙棘中酚类物质定量检测方法，提出了高效沙棘籽油提取工艺。在新产品制备装置方面，研发出沙棘果实杂物及污垢清除机、搅拌机，研制了收获沙棘果的装置、沙棘果漂洗筛选装置、沙棘果压榨过滤装置以及检验菌落数量的装置。在新产品开发方面，研发出澄清型沙棘果汁的生产方法，从沙棘果皮微生物菌群中筛选出一种酿酒酵母菌，提出了发酵型沙棘叶茶的制法，研制了抗疲劳与改善性机能的保健胶囊、复合型抗氧化食用软胶囊以及沙棘油复合型食用软胶囊等新型保健产品，形成了"宇航人""沙漠之花"等国内外驰名商标。

二、知识产权、科技奖励和推广应用

国家林业和草原局组织认定成果 5 项，省地级科技部门组织鉴定成果 5 项；审定沙棘良种 19 个，其中国审良种 16 个，省审良种 3 个，授权新品种权 7 个；获国家专利 19 件，其中发明专利 10 件；获得国家地理标志保护产品 1 个；颁布技术标准 5 项；科学出版社出版专著 3 本，中国林业出版社出版专著 1 本，中国环境出版集团出版专著 3 本；国内外学术期刊发表论文 126 篇，其中 SCI 20 篇；获中国林业科学研究院科学技术奖一等奖 1 项，省部级科学技术奖一等奖 2 项，省部级成果转化特别奖 1 项。"沙棘遗传改良与产业化栽培技术创新"成果在一定程度上提升了我国沙棘的遗传改良及栽培整体技术水平，标志我国沙棘育种、栽培和产业化水平达到国际先进水平，在沙棘基因组进化、重要性状形成机制等基础研究方面达到国际领先水平。研究成果在黑龙江、辽宁、内蒙古、新疆等省（自治区、直辖市）退耕还林和防沙治沙工程中直接推广应用（图 8、图 9）。抽样的 15 个典型应用单位建立沙棘良种繁育基地 3100 亩，繁育沙棘良种壮苗 3 亿株以上，累计推广种植面积达 300 万亩以上，有力推动了我国沙棘资源培育和产业化进程，实现了我

图 8　内蒙古磴口县向阳间作苜蓿栽培模式

图 9　新疆戈壁深秋红滴灌栽培模式

国沙棘产业由野生资源利用向人工资源的根本性转变，取得了显著的社会、生态和经济效益。

作者简介

张建国，男，1963年生，中国林业科学研究院研究员、博士生导师。现任中国林业科学研究院首席科学家。兼任国务院林学学科评议组成员、《林业科学研究》常务副主编、《北京林业大学学报》副主编、油橄榄产业国家创新联盟理事长、杉木国家创新联盟理事长、中国经济林协会油橄榄分会主任委员等职。2007年入选"新世纪百千万人才工程国家级人选"，2016年入选"万人计划"。在科学出版社和中国林业出版社出版《森林培育理论与技术进展》《沙棘属植物育种研究》《新疆杨属植物的起源和进化》等专著20余部，在 Plant Biotechnology Journal、Horticulture Research、Molecular Ecology、The Plant Journal 等期刊发表论文300余篇，其中SCI 80余篇。主持的"杉木遗传改良及定向培育技术研究"获2006年度国家科学技术进步奖二等奖，"林木育苗新技术"获2012年度国家科学技术进步奖二等奖，"杉木良种选育与高效栽培技术研究"获第九届梁希林业科学技术奖一等奖（2018年），"沙棘遗传改良与产业化栽培技术创新"获第十三届梁希林业科学技术奖科技进步奖一等奖（2022年），"沙棘良种选育及产业化发展关键技术研究与应用"获2022年度新疆维吾尔自治区科学技术进步奖一等奖。

木本油脂生物基材料的发展机遇与挑战

周永红

（中国林业科学研究院林产化学工业研究所所长、研究员）

我国拥有木本油脂树种超过200种，其中150多种为非食用性树种，生长速度快、寿命长，一次种植可多年受益，为木本油脂产业的持续发展奠定了坚实基础，发展木本油料生产的综合效益巨大。全球能源结构的转型为木本油脂生物基材料的发展提供了新的契机。木本油脂的深加工利用，是有效利用森林资源、实现可持续发展的重要途径。随着生态文明、乡村振兴、健康中国以及"碳达峰碳中和"等国家战略的深入实施，木本油脂资源在国民经济可持续高质量发展中将扮演日益重要的角色。

一、基本情况

（一）木本油脂

木本油脂是以木本油料植物的种子和种仁为原料生产加工得到的植物油脂，根据其使用范围或成分差异可分为食用木本油脂和工业木本油脂。油茶、油棕、油橄榄、椰子被称为"世界四大木本油料植物"，而油茶、核桃、油桐、乌桕被称为"我国四大木本油料植物"。

---

* 2023年12月，在浙江湖州举办的第二届梁希大讲堂上作的特邀报告。

工业油脂主要包括桐油、乌桕籽油、橡胶籽油、麻风树籽油、黄连木籽油和山苍籽油等，是主要用于材料与化学品的工业原料及用作动力和热能的油脂基能源原料。棕榈油、椰子油等食用木本油脂也有部分用于工业领域。

木本油脂在工业中的应用可以追溯到很早之前。远在古代人类发现植物油脂除了食用外，还可以用于生活的其他方面，如照明、润滑、制作涂料和肥皂。肥皂是最古老的油脂制成的洗涤用品，迄今约有 4000 年的历史。桐油是中国的特产木本油脂，大约在距今 2500 年前的春秋时期，我国劳动人民就懂得用桐油作为成膜物质制造涂料，用于涂刷农具、渔具、家具及调制油泥嵌补木器等。

随着工业技术的不断发展，人们开始深入研究木本油脂的化学成分和特性，并将其运用到更广泛的工业领域中，如医药、生物柴油、塑料、涂料、油漆、化妆品等。中国工业行业木本油脂深加工产品供给量、需求量呈波动增加态势。其中 2017 年中国工业行业木本油脂深加工产品需求量为 604 万 t，2021 年，这一数字上升为 755 万 t。当前，我国木本油脂深加工产品市场需求量约为 800 万 t，其中 20% 以上应用于工业领域。总的来看，我国木本油脂深加工行业正处于成长期，未来木本油脂深加工行业在生产以及研发等方面还有较大进步空间。

（二）生物基材料

生物基材料是指利用可再生生物质，包括农作物、树木和其他植物及其残体和内含物为原料，通过生物、化学以及物理等手段制造的一类新型材料。依据应用的物质形态不同，可以细分为生物基化学品、聚合物、塑料、生物基化学纤维、生物基橡胶、生物基涂料、生物基材料助剂、生物基复合材料。这种新型绿色材料以其生物相容性、可再生性、生物降解性、零碳排放及良好化学结构等特性，为多个应用领域和行业场景提供了切实可行的解决方案。

近年来，我国政府对生物基材料的重视程度不断提升。2021 年 12 月，工业和信息化部印发的《"十四五"原材料工业发展规划》中，明确将推进生物基材料全产业链制备技术的工程化列为技术创新重点方向，并着手实施关键短板材料攻关行动，支持材料生产、应用企业联合科研单位，共同开展生物基材料、生物医用材料等协同攻关。随后，在2022年5月，国家发展和改革委员会出台《"十四五"生物经济发展规划》，将生物能源稳步发展、生物基材料替代传统化学原料以及生物工艺替代传统化学工艺等进展列入发展目标。

数据显示，2014—2021年，我国生物基材料产量稳步增长，2021年全国生物基材料产量达到179.4万t，相较2014年生物基材料产量增长了94.8万t；与此同时，生物基材料市场规模也在不断扩大，2021年我国生物基材料市场规模达255.8亿元，较2014年增长了113.2%；在产能方面，2021年，我国生物基材料产能1100万t（不含生物燃料），约占全球的31%，产量700万t，产值超过1500亿元，占化工行业总产值的2%左右。

随着我国"双碳"政策的推行，生物基材料作为环境友好的代表，其在生产生活中的应用规模正逐步扩大，展现出极为乐观的发展前景。未来，生物基材料有望成为引领世界经济发展和科技创新的新兴主导产业，并对我国经济的绿色转型、实现碳达峰碳中和目标，以及提升国际影响力产生积极而深远的影响。

当前，生物基材料的研究主要聚焦于三大方向：生物基单体、生物基合成材料以及林源生物基材料。其中，林源生物基材料是以植物油、松脂、淀粉、纤维素、木质素等林源生物质为原料制备的生物基材料。我国林木资源总量雄厚，能有效为林业生物质材料的生产提供原料基础，对于林业生物质材料产业发展具有得天独厚的优势；另外，林木资源的多样性和可塑性为定制化设计提供了无限可能，有望在新型凝胶、发光材料和树脂等领域发挥重要作用。

通过深入挖掘林业生物质材料的特性和优势，我们能够为相关领域的创新和发展提供源源不断的动力。生物基材料的产业化不仅有助于推动绿色经济的发展，也为实现可持续发展目标提供了有力的支持。

二、发展现状

近年来，生物基材料领域取得了显著的发展，特别是在以木本油脂为原料构筑高性能生物基材料方面，展现出了极好的产业化前景。植物油中含有酯基、双键等活性官能团，能够进行醇解、酸解、胺解、环氧化、环氧基羟基化、酯交换、双键异构化来达到改善官能度和共轭程度的目的。植物油脂进行改性后，黏度、塑性等物理和化学性质相对发生改变，这种改性使得植物油在构筑高性能生物基材料时具有极大的灵活性，可以根据需求进行定制化设计。因此，以木本油脂为原料，构筑高性能生物基材料，具有极好的产业化前景。

目前，植物油生物基材料根据可加工性能不同，分为植物油基热固性高分子和热塑性高分子。国内外对植物油生物基材料的研究主要集中在脂肪酸和脂肪醇及表面活性剂、聚氨酯、聚酯、环氧树脂、醇酸树脂、不饱和聚酯树脂、聚酰胺树脂，以及包括增塑剂、热稳定剂、润滑油和润滑剂等在内的塑料助剂。它们不仅具有传统材料所不具备的生物兼容性和可降解性，甚至在某些性能上超越了传统材料。

近年来，我国在新材料领域取得了显著进展，特别是在植物油基聚氨酯泡沫、环氧树脂和增塑剂等生物基材料方面的研究和应用逐渐受到广泛关注。

聚氨酯泡沫、环氧树脂和增塑剂等在包装、建筑、汽车、航空工业等多个领域都有广泛应用，为我国经济发展注入了新的活力。其中，聚氨酯泡沫消费量在2021年达到了500多万t，而环氧树脂的消费量也达到了130多万t，同样展现出其在工业领域的广泛应用。此外，增塑剂的消费量也达到了300多万t，总产值超过2000多亿元，为相关产业链的发展提供了有力支撑。以非食用木本油脂创制生物基聚氨酯泡沫、环氧树脂和塑料助剂等生物基材料，成为世界各国的研究热点，是新材料战略、新兴产业重要内容之一。

中国林业科学研究院林产化学工业研究所和南京林业大学等针对木本油脂深加工产品易燃烧、毒性大、力学性能差等问题：①创新研发了结构阻燃型油脂基多元醇和聚氨酯泡沫节能保温材料制备技术。构建了桐油、蓖麻油基多元醇及聚氨酯泡沫保温材料的结构与性能关系；突破了桐油和蓖麻油的定向改性、刚性及阻燃功能基团高效引入以及协同增效关键技术；创制了结构阻燃型桐油、蓖麻油基多元醇及聚氨酯泡沫保温材料制备核心技术。创制的油脂基聚氨酯泡沫材料产品热力学性能和机械性能可与石油基产品相媲美，阻燃性能和保温性能优于石油基产品。②创新了桐油和蓖麻油基环氧聚合物材料制备与应用关键技术。揭示了桐油、蓖麻油基环氧固化剂改性产物结构与环氧树脂性能关系；突破了桐油和蓖麻油定向改性与增效基团协同增效等关键技术，创制了九官能度蓖麻油基环氧树脂、防腐涂料用桐油基改性胺固化剂、非离子型自乳化水性环氧固化剂、环氧聚合物路面铺装树脂等多种应用产品，产品性能指标达到或超过国内外产品现有水平。③创制了桐油和蓖麻油基无毒耐迁移塑料增塑剂制备关键技术。阐明了桐油、蓖麻油基增塑剂内/外增塑机理；突破了无酸催化环氧化和"一锅法"溶剂聚合反应、反应型增塑剂定向构筑内增塑聚氯乙烯等关键技术，创制出蓖麻油、桐油基多元酸多元醇酯无毒增塑剂、耐迁移反应型增塑剂及内增塑聚氯乙烯材料。通过新建和技术升级生产线20余条，实现了桐油和蓖麻油等非食用植物油脂的高值化综合利用，产品用于建筑节能、风电叶片、食品包装、军工等领域，有效替代了化石原料，为节能减排和可持续发展作出了积极贡献。

推进非食用油脂全产业链价值结构升级，加大其在高端领域的应用，以加工业带动种植业，对我国"双碳"目标的实现、战略新兴产业的培育、资源的综合利用、新农村的发展将产生重要的推动作用。

三、机遇与挑战

在 21 世纪背景下，生物基材料的发展确实面临着前所未有的机遇与挑战。中国作为全球最大的发展中国家，积极响应联合国气候变化大会通过的《巴黎协定》，向世界宣布了新的碳达峰目标与碳中和愿景。这不仅彰显了中国的大国责任和担当，也为生物基材料等绿色产业的发展开辟了新的道路。

为实现"双碳"目标，中国正加快调整优化产业结构、能源结构，推动煤炭消费尽早实现碳达峰，并大力发展新能源。这一转型过程将为生物基材料领域带来巨大的发展空间。生物基材料作为一种可再生、环保的材料，将在新能源、节能建筑、绿色包装等领域发挥重要作用。

同时，我们也应看到，实现"双碳"目标并非易事。这需要我们付出巨大的努力，包括加大科技创新力度、推动产业转型升级、加强国际合作等。在这个过程中，我们也将面临诸多挑战，如技术瓶颈、市场接受度、政策调整等。但正是这些挑战催生了新的机遇。在应对气候变化、推动绿色发展的过程中，我们需要不断探索新的技术和商业模式，以更好地满足市场需求，推动生物基材料等绿色产业的快速发展。

可以采用碳补偿等特殊方式，通过自然过程之外的碳消除来平衡二氧化碳排放，如碳计划和排放交易。正是在这样的背景下，《温室气体自愿减排交易管理办法（试行）》应运而生。全国温室气体自愿减排交易市场与全国碳排放权交易市场共同构成了我国的碳交易体系。这一市场的启动使得各类社会主体能够自主自愿地开发温室气体减排项目，并将经过科学方法量化核证的项目减排效果在市场上出售，从而获取相应的减排贡献收益。这不仅有利于支持林业碳汇、可再生能源、甲烷减排、节能增效等项目的发展，更是推动实现碳达峰碳中和目标的重要制度创新。它激励着更广泛的行业、企业和社会各界积极参与温室气体减排行动，为推动经济社会绿色低碳转型、实现高质量发展注入强大动力。

至 2023 年 10 月，我国全国碳交易市场价格突破每吨 81 元人民币，而欧洲在 2022 年达到每吨 86.53 美元。我国与海外相比，碳交易价格仍处于较低水平，具有较大发展潜力，这也是我国生物基材料产业发展的重要机遇。

当前，我国生物基材料行业呈现出蓬勃发展的态势，以每年 20%～30% 的速度快速增长，正逐步从实验室走向工业规模化实际应用和产业化阶段。根据规划，未来现代生物制造产业产值有望超过 1 万亿元，生物基产品在全部化学品产量中的比重将达到 25%。这一目标的实现，将有力推动生物基替代化石基产品成为大势所趋，成为应对温室气体排放、实现可持续发展的最佳手段。

除了环境利好外，油脂化学结构独具优势，其规整性有效克服了其他非粮生物质原料常见的低质、不纯、品质不稳定的缺陷，酯基、双键等活性官能团易于进行化学改性，改性后的衍生物具有优良的化学和物理性质。因此，在制备生物基单体和高分子材料方面，油脂化学结构具备明显的优势。

尽管生物基产品的市场潜力巨大，但当前仍是产业发展的初期，面临原料、成本、技术等多重制约。首先，工业木本油脂原料供应不足是一大瓶颈。长期以来，我国木本油料生产主要依赖实生种子繁殖和传统种植方式，导致单产低、效益不佳，影响了农户种植的积极性。同时，产业链下游发展不足，产品质量控制能力较弱，使得工业木本油脂产量难以取得突破。尽管棕榈油、椰子油等食用木本油脂在工业领域有一定应用，但总体加工量相对较小，难以满足市场需求。

此外，生物基材料产品成本高、性能与石化产品存在差距也是制约其发展的关键因素。受限于当前生产技术和规模，生物质利用效率和非粮生物质原料收集方式等对产品成本产生显著影响。现阶段，生物基基础化学品价格高于石油基产品，生物基材料成本普遍高出同类石油基产品30%以上，导致市场替代优势不明显，推广应用难度加大。同时，低浓度产物的高效提纯分离、生物基聚合物合成等关键技术尚未取得突破，生物质资源开发程度不足，相关企业难以形成规模，关键核心技术缺乏，导致生物基产品品质不佳。

然而，面对全球气候变化和能源转型的严峻挑战，生物基材料的技术产业化和功能化成为实现可持续高质量发展的必由之路。我国作为碳排放和化石能源消费大国，能源转型势在必行。生物基材料的发展不仅有助于推动社会经济向低碳、环保方向转变，而且对于实现"双碳"战略目标具有重要意义。随着生物质加工相关技术的不断突破，木本油脂等生物质资源转化为功能性生物基材料、高品质液体燃料和化学品等将成为可能，为低碳循环经济提供有力支撑。

尽管生物质产业发展面临诸多困境和挑战，但也孕育着巨大的机遇。在碳中和目标的指引下，生物基材料有望成为全球工业新的底层材料，对化石基材料形成颠覆性冲击。随着生物基材料成本的下降、化石基材料成本的上升以及非粮生物质原料的突破，生物基材料的市场竞争力将不断提升。

作者简介

周永红，男，1966年生，中国林业科学研究院研究员、博士生导师。现任中国林业科学研究院林产化学工业研究所所长，国家林产化学工程技术研究中心、林木低碳高效利用国家工程技术研究中心副主任。参加工作以来，一直从事松脂、油脂和木质素等天然生物质资源化学利用的基础及应用研究工作。主持完成了国家"十二五"科技支撑项目、"十三五"重点研发计划项目、国家自然科学基金项目、国家发展和改革委员会产业化重大专项等国家、省部级科研项目20余项。获国家科学技术进步奖二等奖2项、江苏省科学技术奖一等奖和二等奖各1项、梁希林业科学技术奖技术发明奖一等奖1项；获得国际专利1项，国家发明专利40余项；发表学术论文200余篇，其中SCI和EI收录100余篇。

入侵区光肩星天牛灾害的生态自控策略与技术

骆有庆[1]；王立祥[2]

（1. 北京林业大学教授；2. 甘肃农业大学植物保护学院副教授）

对甘肃西部和新疆等地而言，光肩星天牛是重大入侵害虫。因现有林网仍以高感树种（如二白杨和箭杆杨等）为主，其正发生毁灭性灾害，是目前杨树天牛的重灾区。

我们课题组系统发现并验证了沙枣对光肩星天牛高效诱引和完美绝杀的双重功能，其主要体现在：沙枣树作为甘肃西部和新疆等地的本土植物，可高效诱引光肩星天牛成虫进行营养补充、刻槽和产卵；更重要的是沙枣在天牛刻槽内泌胶，对天牛子代卵和初孵幼虫的自然杀灭率高达99%；运用"空间换时间"的研究方法，从有天牛虫源并经多年自然检验的多树种混交林（包括抗性树种新疆杨和诱杀树种沙枣）中道法自然，通过系统调查、深入辨析和科学提炼，提出了合理配植新疆杨与沙枣，生态自控光肩星天牛灾害的创新技术模式，使控灾层次从生态调控转升到生态自控，是林业生物灾害防控策略与技术的重大创新。这是一个将"论文写在大地上"的成果，甘肃、新疆多地已自主示范推广。

一、光肩星天牛是国内外重大检疫性林业害虫

光肩星天牛原产东北亚，在我国以华北地区为核心分布区域，主要危害杨、柳、

---

* 2023年7月，在黑龙江哈尔滨举办的第八届中国林业学术大会上作的主旨报告。

榆、槭、桦等阔叶树种。在我国，以往光肩星天牛主要危害农田防护林和城市园林，现已发现其入侵天然次生林，如在甘肃兴隆山侵害桦树。

20世纪90年代后，该虫先后传入北美和欧洲多国，成为著名的国际重大检疫性林业害虫。为此，《国际植物保护公约》（IPPC）于2002年3月发布了首个国际木包装检疫条例即《国际贸易中木质包装材料管理准则》（Guidelines for Regulating Wood Packing Material in International Trade）。某种程度上讲，该害虫是出台国际木包装检疫条例的"肇始害虫"。

二、以往针对光肩星天牛的防控技术模式

20世纪90年代初，在宁夏和内蒙古等地，造成三北防护林体系一代林网毁灭的就是此种天牛。

当时，国家和林业部门高度重视，设立重大科技招标项目。我们研建了以多树种合理配植，特别是诱饵树配植与科学管理为核心的光肩星天牛灾害生态调控技术体系，于2002年获国家科学技术进步奖二等奖。

应该说，多树种合理配植抗御光肩星天牛灾害的技术体系适合该种天牛的所有分布区。其中，诱饵树是光肩星天牛的嗜食树种和最适宜繁殖树种，对该天牛成虫有诱引作用，但对子代没有自然杀灭功能。为此，必须对诱饵树施加多种人为措施，及时杀灭所诱集的天牛成虫，保证诱饵树持效功能的发挥，否则诱饵树的功能就会转为"助纣为虐"。

三、作为入侵害虫，光肩星天牛正猖獗于我国西部

在20世纪末和21世纪初，光肩星天牛作为入侵害虫先后传入我国西北、东北和西南的纵深地区，如甘肃河西走廊和新疆等，因这些地区仍分布着以感虫树种

（如河西走廊的二白杨、新疆的箭杆杨等）为主的林网，现光肩星天牛灾害正严重发生，是重灾区（图1、图2）。

图1　甘肃嘉峪关的光肩星天牛灾害（2023年）

（a）新疆巴音郭楞蒙古自治州　　　　　　　（b）新疆生产建设兵团第二师

图2　光肩星天牛灾害（2020—2023年）

四、光肩星天牛的主要危害特点

光肩星天牛成虫期长，可多次交配和产卵。成虫羽化后先咬食寄主树种的嫩枝和叶柄补充营养，再用头部强大的口器上颚在树皮上咬出一个刻槽（深达木质部表面），最后用腹末产卵器在刻槽中产一粒卵。接着，卵孵化为幼虫，再蛀入木质部，最后化蛹并羽化为成虫钻出树干，从而完成世代发育（图3）。

（a）补充营养　　（b）刻槽　　（c）产卵
（d）排粪孔　　（e）地上粪屑　　（f）幼虫坑道　　（g）羽化孔

图3　光肩星天牛的主要危害特点

五、沙枣对光肩星天牛高效诱引与绝杀的双重功能

沙枣对光肩星天牛成虫的高效诱引能力，不亚于以往作为诱饵树应用的柳树和合作杨等树种。同时，沙枣对光肩星天牛子代（卵和初孵幼虫）的完美绝杀功能体现在，天牛进行刻槽产卵后，沙枣受到刺激会在刻槽部位分泌树胶，粘黏并包裹天牛卵和个别能孵化的初孵幼虫，使其窒息而亡，达到绝杀天牛的神奇效果（图4）。

（a）沙枣树上光肩星天牛成虫　　（b）沙枣树刻槽上的胶块　　（c）沙枣树主干上密集的刻槽

（d）沙枣树上不同泌胶阶段的刻槽　（e）沙枣树上刻槽处的泌胶块　（f）刻槽内被泌胶包裹的天牛卵

图 4　沙枣对光肩星天牛的高效诱引和绝杀

图 5 诱杀树的两大必备属性和若干兼备属性

为此,我们课题组提炼出诱杀树的两大必备属性和若干兼备属性(图5)。两大必备属性,功能融合,缺一不可,一是前提,即高效诱引成虫前来补充营养、刻槽和产卵;二是特效,即完美绝杀,自然高效地杀灭下一代。在此特别说明一下,如某树种仅有高效诱引而无自然杀灭下一代的功能,那就只能作为诱饵树;如某树种对成虫无诱引能力或诱引能力很低,但导致下一代也发育不好,可将其视为高抗树种。同时,诱杀树能兼备以下属性则更好,如适应性强、易于栽培、成本低廉和持效诱杀。

六、生态自控光肩星天牛灾害的研究与实践

近3年来,课题组在甘肃酒泉市和嘉峪关市、新疆巴音郭楞蒙古自治州和新疆生产建设兵团第二师进行了系统深入的调查与研究。

(一)明确沙枣对光肩星天牛成虫的引诱能力

课题组系统观察了光肩星天牛在沙枣上补充营养、交配和刻槽产卵的行为模式。课题组在甘肃酒泉市、嘉峪关市和新疆博湖县进行广泛的林间调查和大量解剖,发现沙枣对光肩星天牛的诱引能力很强且稳定,不亚于以前作为诱饵树的柳树和合作杨等树种,可高效诱引天牛成虫到沙枣树上进行补充营养、交配、刻槽和产卵;与其他寄主树种一样,光肩星天牛在沙枣上的有卵刻槽率高达82%以上。

(二)验证沙枣对光肩星天牛具有绝杀之效

课题组揭示了沙枣通过分泌树胶"包裹"天牛卵和初孵幼虫,自然杀死率达99%以上;沙枣上孵化为幼虫并排粪的光肩星天牛仅1.4%,能完成世代发育(即可发育并羽化为成虫)的仅0.07%。截至目前,课题组只在沙枣衰弱立木上发现极个别的光肩星天牛羽化孔。同时,课题组明确了7~10年生、直径10~15cm的沙枣干或枝较适合刻槽与产卵;沙枣空间生态位资源利用率很高,在200cm^{2}范围内,最高刻槽密度可达26个;沙枣泌胶杀灭天牛卵后,刻槽快速愈合。因此,在沙枣树干上天牛刻槽密布的情况下,也可持续发挥诱杀功能。

(三)创建光肩星天牛灾害的生态自控技术模式

1. 转换科研思路,创新技术路线

在沙枣对光肩星天牛具有高效诱引和完美绝杀功能的基础上,课题组运用"空间换时间"的研究方法,从"三合一"[多树种(包括抗性树种新疆杨和沙枣)+有天牛危害+经多年自然检验]的不同林分或斑块中道法自然,调查并挖掘可达有虫不成灾之效,即生态自控天牛灾害的树种配植模式。

2. 系统调查,深入辨析,科学提炼生态自控天牛灾害技术

在不同样地,课题组调查抗性树种新疆杨、诱杀树种沙枣和其他寄主树种中,光肩星天牛的刻槽、排粪孔和羽化孔等危害指标,统计并换算为引诱能力和杀灭能力等定量指标,使用ArcMap制图,实现林分和单株的危害程度和沙枣诱杀能力的可视化(图6)。

课题组总结并提炼出以适应性很强的本土抗性树种,特别是新疆杨、河北杨等与诱杀树沙枣进行合理配植,生态自控天牛灾害的树种配植模式,包括树种配植方式和比例。建议园林绿化中新疆杨(河北杨):沙枣为7∶3,以斑块状或带状配植为宜;防护林带新疆杨:沙枣为8∶2,以行间或株间配植。有代表性的林带实例如图7所示。

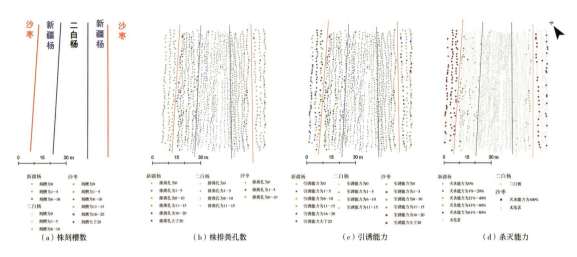

(a) 株刻槽数　　(b) 株排粪孔数　　(c) 引诱能力　　(d) 杀灭能力

图6　每株沙枣的诱引能力和杀灭能力的数量化展示

实例：最具代表性和示范意义的生态自控窄林带——嘉峪关市黑山湖

- 代表性强：树种配植种类和比例，新疆杨：沙枣：旱柳：毛柳约为2∶2∶2∶4
- 效果稳定：2012年栽植，已经多年自然检验
- 规模效应：长约1km
- 完全自控：沙枣上刻槽胶块密布，新疆杨几乎未受害

树种	调查株数/株	有虫株率/%	虫口比例/%	平均胸径/cm	平均树高/m	株均刻槽/个	株均排粪孔/个	株均羽化孔/个
沙枣	221	57.01	84.89	13.62	6.27	42.55	0.03	0
毛柳	487	36.96	10.74	5.61	3.56	3.95	1.44	0.89
旱柳	187	29.95	4.34	13.69	5.21	1.3	0.87	0.02
新疆杨	240	0.42	0.03	13.68	8.28	0	0.02	0

（a）甘肃嘉峪关黑山湖防护林

实例：沙枣×新疆杨混交农田防护林——新疆生产建设兵团第二师25团5连

➤ 沙枣上天牛刻槽处胶块密布
➤ 新疆杨上天牛虫口密度极低

（b）新疆生产建设兵团第二师25团农田防护林

图7　生态自控光肩星天牛灾害的代表性林带

3. 系统开展相关基础研究

课题组旨在揭示本土植物沙枣对入侵害虫光肩星天牛的响应和高效诱杀机制，为生态自控策略与技术提供坚实的科学依据。按理论推测，只有植物与昆虫未经协同进化的特殊关系，才能出现这一现象。在甘肃河西走廊、青海和新疆等地区，本土植物（沙枣）与入侵害虫（光肩星天牛）就构成了这一特殊关系，产生了既能强力诱引也能完美绝杀的双重功能。同时，课题组也正在系统开展沙枣树势与诱杀能力关系，以及不同地理区域间沙枣诱杀能力差异的研究。

总之，该项研究运用从实践中发现，提升理论，再用新理论指导实践的科技创新思路，提出的生态自控策略，体现了生态文明的内涵。特别要指出，天牛灾害的核心防控技术，从利用"诱饵树"到运用"诱杀树"，一字之差，天壤之别。这也体现了辩证法的三大定律，即对立统一，也就是诱和杀的深度融合；从量变到质变，也就是从生态调控转升到生态自控；否定与肯定，创建新策略新技术，也就是一个扬弃的过程。

利用沙枣对光肩星天牛的高效诱引和完美绝杀的特性，通过树种的科学配植，生态自控虫灾，简便易行，高效持久，已有具体实例支撑；代表性、创新性和实用性强，属于"天造地设，神谋化力"的科技创新与实践，正好满足了当前三北地区的荒漠化综合防治和生态建设科技支撑的急需。

另附：2023年8月5—7日，国家林业和草原局科学技术司组织6位专家专程到甘肃省嘉峪关市和酒泉市，对相关研究进行了全面的实地考察和系统研讨，给予高度肯定，认为该成果是林业生物灾害防控策略与技术的重大创新。甘肃、新疆和新疆生产建设兵团的多地市，认为这是一个真正"论文写在大地上"的成果，已自主大面积示范与推广。2023年9月，国家林业和草原局局长关志鸥明确指示"要将成果应用纳入三北工程重点项目，加大推广力度"。

作者简介

骆有庆，男，1960年生，北京林业大学教授，教育部长江学者特聘教授。北京林业大学原副校长。现任教育部创新团队领衔人、"全国高校黄大年式教师团队"负责人、国家林业和草原局森林害虫防治创新联盟理事长、中法欧亚森林入侵生物联合实验室中方主任、中国昆虫学会副理事长、中国林学会森林和草原昆虫分会主任委员等职。曾任国务院学位委员会第七届学科评议组林学组召集人、（第一、二届）全国林业专业学位研究生教指委副主任委员、全国林业有害生物防治技术标准委员会主任委员等职。主要研究方向为林木钻蛀性害虫生态调控和林业入侵生物防控。以第一获奖人获国家科学技术进步奖二等奖2项，以第一完成人获北京市教学成果奖特等奖和一等奖各1项，以第二完成人获国家级教学成果奖二等奖和北京市教学成果奖一等奖各1项。

王立祥，男，1990年生，甘肃农业大学植物保护学院副教授。现任国家林业和草原局森林害虫防治创新联盟理事，甘肃农业大学伏羲青年英才。主要从事林木重大害虫和林业入侵生物的监测预警与防控技术研究。主持或完成国家自然科学基金等项目10余项。获得全球挑战大学联盟（GCUA 2030）优秀论文决赛入围奖、首届全国森林保护青年云学术论坛优秀报告二等奖、第七届全国青年科普创新实验暨作品大赛优秀指导老师、甘肃农业大学"优秀共产党员"等荣誉。

香榧采后品质提升关键技术及新产品开发

吴家胜

（浙江农林大学副校长、教授，香榧产业国家创新联盟理事长）

香榧是我国南方特色珍稀坚果，营养价值高，保健功能强，栽培效益好，年亩产值高达 2 万元，在助力乡村振兴、促进区域经济发展、推进共同富裕中发挥着重要作用。随着香榧种植面积和产量的不断增加，千百年来家庭作坊式采后加工等领域遇到了核心技术瓶颈，如坚果后熟处理时间长、易腐烂、营养损失严重；炒制火候难以把控，无法实现标准化和精细化炒制，加工产品形态单一，同质化严重；健康功能因子不清晰，分离纯化技术缺乏，精深加工衍生产品匮乏；等等。这些问题均严重影响了香榧效益提升和产业高质量发展。鉴于此，在国家自然科学基金、林业行业专项等项目资助下，浙江农林大学联合多家单位历经 15 年持续攻关，突破了香榧坚果后熟处理、炒制加工、健康功能成分提取纯化与利用等技术瓶颈，实现了香榧后熟和加工技术从理论到实践的转变，取得了显著的技术创新。

一、香榧采后加工面临的瓶颈

党的十九届五中全会提出"全面推进乡村振兴"和"实现共同富裕"的战略部署。实施乡村振兴战略，实现农民共同富裕，最艰巨、最繁重的任务在山区。特色

---

* 2023 年 12 月，在浙江湖州举办的第二届梁希大讲堂上作的特邀报告。

经济林是山区农民增收最重要的支柱产业，对推进乡村振兴、实现共同富裕等国家战略具有重要作用。香榧是我国重要的特色经济树种，具有营养价值高、健康功效强、栽培效益好等特点。发展香榧产业是促进区域经济发展和推进乡村振兴、实现共同富裕的一条有效路径。据不完全统计，至2021年全国香榧种植面积超160万亩，产量升至13000t以上，年产值突破30亿元。

然而，随着香榧产量大幅提升，千百年来传统依靠手工和完全凭借经验的后熟与加工技术受到了极大挑战：一是后熟环节中，香榧多在家庭室内地面上自然堆放，因昼夜温湿度变化大，后熟环境难以控制，后熟时间长（至少25天以上），导致坚果腐烂严重、营养损失大；二是炒制环节中，炒制火候多凭人工经验掌握，难以精细化把控，导致加工品质参差不齐，同时加工产品形态单一、同质化严重；三是加工过程中，香榧果蒲随意丢弃，其富含的健康功能因子未被充分挖掘和利用，导致精深加工衍生产品匮乏。这些问题均严重影响了香榧坚果采后品质及附加值的提升，且难以满足消费者对坚果高品质、个性化和多元化的需求，制约了香榧产业的高质量发展（图1）。

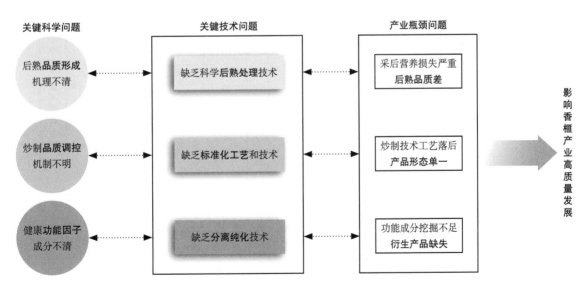

图1　传统的香榧坚果后熟与加工技术流程及存在问题

二、解决香榧采后加工难题的研究思路

基于以上难题,浙江农林大学联合多家单位历经15年持续攻关,围绕炒制品质、后熟品质和精深加工3个方面,率先开展香榧采后品质提升关键技术及新产品开发研究。一是通过探究炒制/烘烤过程中的油脂和香气发生机理,解析炒制品质劣变发生及调控机制,为优化加工工艺、提升香榧炒制品质提供支撑;二是通过探究后熟过程品质、香气和涩味形成机理,揭示内外因子调控后熟品质的作用机制,为提升香榧后熟品质奠定基础;三是通过探明香榧健康功能成分,优化分离纯化技术,并解析健康功效成分合成通路及关键基因,促进精深加工产品开发和高值化利用。通过以上科技攻关,研发香榧后熟处理智能装备,建立标准化加工技术,开发加工新产品和衍生系列产品,可以推动香榧产业高质量发展(图2)。

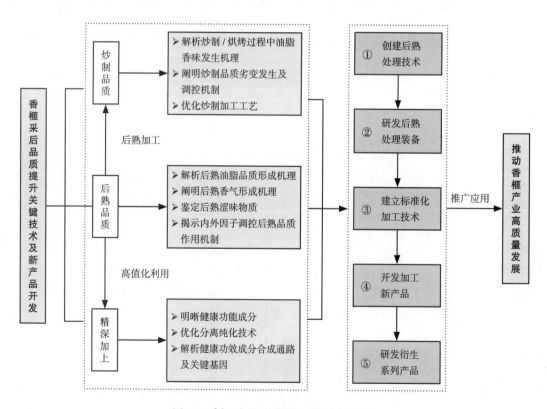

图 2 香榧采后品质提升的技术方案

三、香榧采后加工关键技术创新

(一)后熟品质机理及技术创新

以浙江农林大学为首的团队系统解析了香榧坚果后熟中油脂、香气、涩味等关键指标品质的形成机理,阐明了温、湿度调控后熟品质的作用机制,创建了完熟采收+定温定湿+碳酸氢钠脱涩三大核心复合后熟处理新技术,研发了多功能后熟处理库(装备),极大提升了香榧坚果后熟品质,不饱和脂肪酸比例提高了10%以上,并显著缩短了后熟时间,从25天缩短到15天。

1. 香榧坚果后熟油脂品质形成机理

以浙江农林大学为首的团队明确了香榧坚果后熟营养成分变化规律(图3),挖掘了营养物质转化关键功能基因,揭示了油脂形成的分子调控网络。

(1)香榧坚果需要后熟处理才能完成营养物质转化,传统家庭作坊式后熟处理一般需要25天左右才能完成。后熟完成时,淀粉含量显著降低34.4%,可溶性糖、可溶性蛋白和油脂含量则分别显著增加30.8%、53.4%和17.8%。

(2)蔗糖磷酸合酶(SPS)、2-氧戊二酸脱氢酶复合物(DLST)、甘油3-磷酸酰

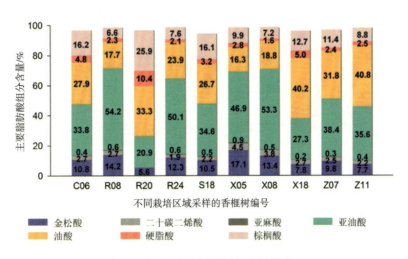

图3 香榧后熟过程脂肪酸组分变化

基转移酶（GPAT）和丙酮酸激酶（PK）对营养物质转化起着关键作用，通过过表达 TgDLST、TgPK 和 TgGPAT 明确了其生物学功能。

（3）鉴定了香榧油脂合成通路，筛选并克隆出油脂合成的 3 个关键油体蛋白 Oleosin、Caleosin 和 Steroleosin 的编码基因。

2. 香榧坚果后熟香气形成机理

团队解析了香榧坚果后熟香气物质的变化规律，挖掘了萜类合成途径的关键酶编码基因，并进行了功能验证；共检测出 56 种芳香物质，包括萜类、醇类、醛类、酯类和烷类，其中萜类含量最高，为总香气物质的 71.9%～86.0%，且单萜类物质 D-柠檬烯是最主要的呈香物质（占比 63.0%～90.8%）；明确了香榧坚果后熟过程中萜类物质合成的关键基因是叶基二磷酸合酶（TgGPPS）的编码基因（图 4），利用瞬时过表达和转基因对其进行了功能验证。

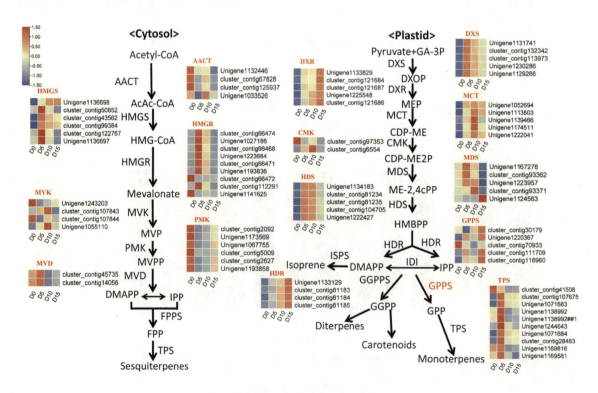

图 4　香榧后熟过程香气代谢途径

3. 香榧坚果后熟涩味物质形成机理

团队利用广泛靶标代谢组分析,首次明确了香榧坚果的主要涩味物质是缩合单宁,并鉴定出坚果的主要致涩物质为没食子儿茶素、表没食子儿茶素、原花青素 B1、原花青素 B2、原花青素 B3 和原花青素 C1;明确了香榧坚果涩味物质形成的关键基因是无色花色素还原酶(TgLAR)和花青素还原酶(TgANR)的编码基因。

4. 内外因子调控香榧后熟品质的作用机理

研究发现,假种皮开裂时采收(完熟采收),香榧淀粉含量更低,可溶性糖和油脂含量更高,不饱和/饱和脂肪酸比例更高,香榧坚果品质最佳。此时,香榧坚果淀粉含量为 12.65 mg/g,可溶性糖含量为 28.20 mg/g,总含油率为 46.85%,不饱和脂肪酸占比为 88.90%。团队明确了温、湿度是影响香榧坚果油脂形成的关键因子,20℃ + 相对湿度 90% 后熟处理更有利于淀粉的降解和不饱和脂肪酸含量的增加,有助于油脂品质的提升(图 5)。团队发现温、湿度是调控香榧后熟香气物质的关键因子,其中醇类和醛类香气物质主要受温度调控,而萜类和烷烃类香气物质则受湿度调控,且 20℃ + 相对湿度 90% 后熟处理显著促进了主要呈香物质 D-柠檬烯的合成,含量增加 30%。

(a)后熟温度 20℃ + 相对湿度 70%　　　　(b)后熟温度 30℃ + 相对湿度 70%

(c)后熟温度 20℃ + 相对湿度 90%　　　　(d)后熟温度 30℃ + 相对湿度 90%

图 5　不同温、湿度对香榧坚果品质的影响

5. 香榧后熟处理技术及装备

团队基于成熟度、温湿度等内外因子对香榧坚果后熟品质的影响，创建了香榧坚果完熟采收＋定温定湿＋碳酸氢钠脱涩三大核心复合后熟处理新技术，后熟时间缩短了10天，解决了传统堆沤后熟时间长的技术难题，实现了后熟品质的显著提升。其主要技术要点为：完熟采收（假种皮开裂采收）、碳酸氢钠脱涩（0.1M，24h）、定温定湿（20℃＋相对湿度90%）后熟处理。基于后熟处理得出的最佳技术参数，团队发明了香榧坚果多功能后熟处理库（装备）（图6），制定了后熟处理技术规程，实现了香榧坚果的自动控温控湿后熟处理和后熟品质的一致性，解决了传统堆沤（后熟处理）温湿度难以科学量化的技术瓶颈和后熟场地缺乏的难题，并减少了60%左右的劳动力投入。

（二）香榧炒制品质机理及技术创新

团队解析了香榧坚果炒制风味和品质形成及调控机理，建立了定温定时标准化炒制加工新技术，研发了开口香榧、脱衣香榧仁等系列加工新产品，实现了加工产品的高质量及形态多元化。团队系统阐明了炒制过程中油脂和香味发生的机理及品质劣变调控机制，建立了定温定时标准化炒制加工新技术，实现了炒制品质的一致性；发明了以定温控水为核心技术的开口香榧加工方法，开口率高达96%；发明了以冷冻、微波处理等为核心技术的脱衣香榧仁加工方法，脱衣率均高达86%；开发出开口香榧、脱衣香榧仁等系列加工新产品，扭转了长期以来香榧坚果市场产品形态单一的局面，满足了不同消费群体的个性化需求，填补了市场空白。

1. 香榧炒制过程中油脂和香气发生及其品质调控机理

炒制环节易造成香榧坚果油脂品质下降，炒制过程中盐水浸泡会使得坚果的酸价和过氧化值明显上升，是导致油脂劣变的关键环节；炒制香榧坚果的香气主要由

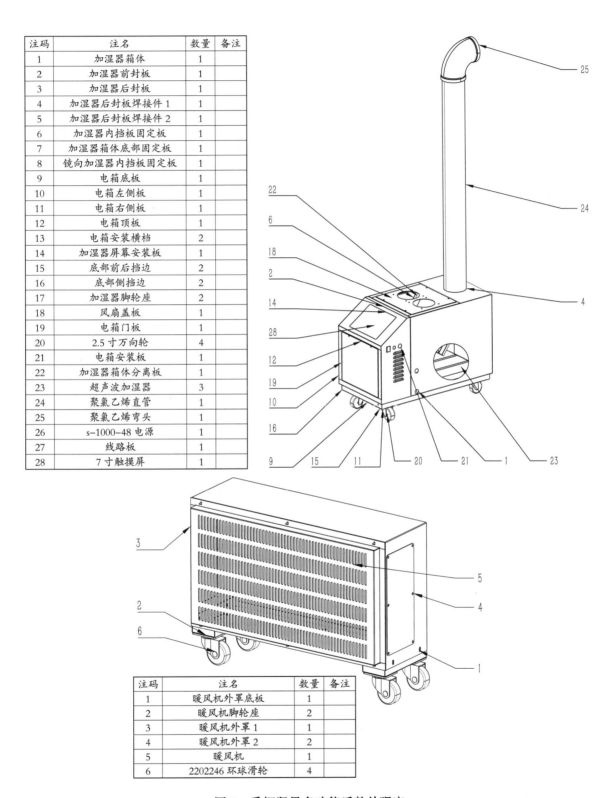

图 6 香榧坚果多功能后熟处理库

萜烯类、醇类、醛类、烷类、酯类等化合物构成，高温炒制导致脂肪酸链断裂氧化，使得醛类、酯类等香气物质含量显著增加。团队明确了原料含水量、炒制温度、炒制时间、浸盐浓度等参数对香榧坚果炒制品质的影响，阐明了外源添加叔丁基对二苯酚（TBHQ）提升香榧坚果加工品质的作用机理，叔丁基对二苯酚能提高1,1-二苯基-2-三硝基苯肼（DPPH）自由基清除活性和维生素E含量，降低酸价和过氧化值，抑制了脂质氧化酸败，提高了油脂稳定性，延长了保质期。

2. 定温定时标准化炒制加工新技术

团队明确了炒制工艺各环节的技术参数，创建了定温定时标准化炒制加工技术，即炒制前含水量为8%～10.5%；一炒温度为（261.8 ± 5.2）℃，8～8.5min，20%氯化钠30s；二炒温度为（250 ± 2.8）℃，30～32min。这样炒制的香榧不仅风味更好，且炒制时间缩短了30min，实现了香榧炒制品质的一致性，解决了传统手工炒制火候难以掌握的技术瓶颈。

3. 香榧系列加工新产品开发

团队发明了以定温控水为核心技术的开口香榧加工方法，建立了开口香榧加工工艺（图7）。技术参数为香榧坚果含水量20%～22%，开口温度70℃烘烤4min，开口率高达96%，解决了香榧坚果外壳较硬、炒制后不易剥开的问题，丰富了加工产品的类型，扩大了市场销售规模。团队发明了以冷冻、微波处理为核心技术的脱衣香榧仁加工方法，创建了脱衣香榧仁的加工工艺：①冷冻加工技术，具体参数为加工前含水量12% ± 2%、–40℃冷冻12 h、120℃烘烤95min；②微波加工技术，具体参数为加工前含水量10% ± 2%、600～800W微波4～5min、150～180℃烘烤20～30min。新工艺使香榧脱衣率均达86%以上，突破了香榧黑色种衣去除难的技术瓶颈，提高了产品食用的方便性，满足了不同消费群体的个性化需求。

图 7 香榧加工新产品开发工艺参数及产品

（三）香榧精深加工技术创新及产品开发

团队明晰了香榧坚果健康功能成分，创建了香榧坚果健康功能成分分离纯化新技术，开发出系列衍生新产品，实现了全果综合利用，极大提升了香榧产品附加值。挖掘了香榧坚果金松酸、角鲨烯、β-谷甾醇、烟酰胺等健康功能成分，揭示了其合成代谢调控机制，创制了尿素包合法的金松酸提取分离与纯化技术，纯化得率从 50% 提高到 80% 以上。团队发明了香榧假种皮精油提取分离系统，建立了精油高效提取分离技术，开发了香榧精油、纯露等系列衍生产品，实现了全果综合利用，使附加值提升了 50% 以上。

1. 香榧坚果健康功能成分

香榧坚果富含金松酸（0.98～53.15mg/g）、角鲨烯（13～72mg/kg）、β-谷甾醇（1500～4100mg/kg）、生育酚（0.3～12.0mg/100g）、烟酰胺（0.06～0.45mg/100g）等健康功能成分（图 8）。

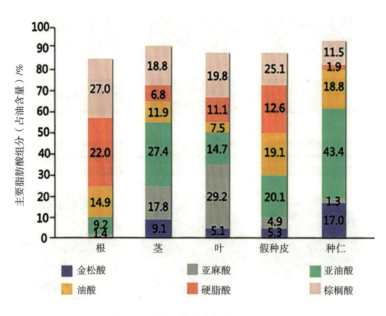

图 8　香榧坚果功能成分分析

2. 香榧健康功能成分的代谢通路及调控机制

团队系统阐明了金松酸、角鲨烯、β-谷甾醇、生育酚、烟酰胺的生物合成途径，筛选了功能成分生物合成通路的关键基因，并验证了关键基因的功能，揭示了健康功能成分的代谢通路及调控机制；明确了 Δ5 去饱和酶编码基因（TgDES1）和 Δ9 延长酶编码基因（TgELO1）是金松酸合成的关键基因，鲨烯合酶编码基因（TgSQS）和甾醇甲基转移酶编码基因（TgSMT1）是角鲨烯和 β-谷甾醇生物合成途径中的两个关键控制靶点，外源乙烯处理通过上调乙烯响应因子 TgERF、TgAP2 和 TgETR1 表达促进角鲨烯的积累，尿黑酸叶绿基转移酶编码基因（TgVTE2b）和 γ-生育酚甲基转移酶编码基因（TgVTE4）是限制生育酚合成的关键基因，促使 γ-生育酚和 δ-生育酚在香榧成熟后期全部转化为 α-生育酚和 β-生育酚。天冬氨酸氧化酶编码基因（TgAOX）、喹啉酸合成酶编码基因（TgQS）和烟酰胺腺嘌呤焦磷酸酶编码基因（TgNADpp）是烟酰胺生物合成的关键基因，外源乙烯处理通过 ERF 基因家族调控 TgAOX 和 TgQS 的表达，促进烟酰胺的生物合成（图 9）。

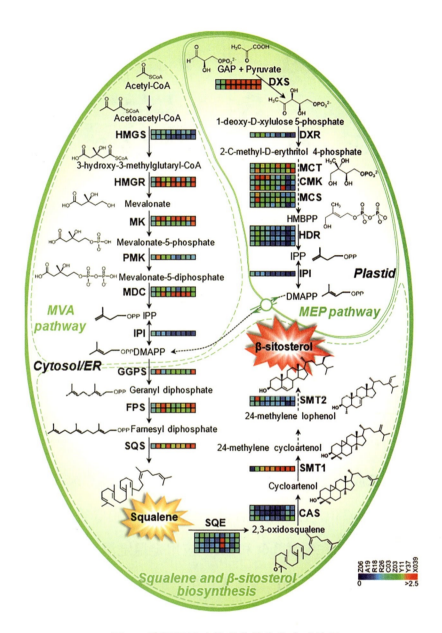

图9 香榧坚果功能成分的生物合成途径

3. 香榧健康功能成分的分离纯化技术及衍生产品

团队发明了高纯度金松酸分离方法,创制了尿素包合法的纯化技术,纯化得率从50%提高到80%以上;研发了金松酸胶囊等功能性产品,显著提升了产品附加值。团队发明了香榧精油提取分离系统,创制了利用蒸馏共水法的安全、绿色精油

图 10　香榧系列衍生产品开发

提取分离技术，香榧特征性香气成分 D-柠檬烯含量达 33.7%，突破了传统精油提取率低、安全性差的技术难题；开发了香榧精油、纯露、精油皂、线香等系列衍生产品（图 10），实现了全果高效综合利用。

四、新技术的应用价值和发展前景

本项目成果边研究边推广，完熟采收、机械脱蒲、定温定湿后熟处理和定温定时炒制技术等技术成果在浙江、安徽、湖北、福建、江西等地推广应用，近 3 年累计加工香榧坚果 19028t，生产开口香榧 170.5t，加工脱衣香榧仁 63.4t，利用假种皮废弃物分别提取精油和纯露 3.6t 和 55t。应用定温定湿后熟处理、标准化定温定时炒制、开口香榧及脱衣香榧仁等技术，生产的香榧坚果每吨销售价格提升了 4.0 万～8.0 万元，每吨可节支 1.0 万～1.2 万元，开口香榧和脱衣香榧仁的每吨销售价格分别提升了 18.0 万元和 28.0 万元；应用本项目成果研发的精油提纯等技术，显著提升副产品的附加值。

同时，本项目成果的应用一方面生产出开口香榧、脱衣香榧仁、金松酸胶囊等新产品，显著提升了香榧产品的竞争力，丰富了香榧产品类型，满足了不同消费人群的个性化需求。另一方面提高了香榧产品的附加值和农民的收入，解决了 4.52 万余人次农村闲散劳动力就业；还培养了一批香榧科技人才，提高了香榧从业者的科技素质，推动了行业的科技进步，实现了香榧产业的高质量发展，在助力乡村振兴、推进共同富裕等国家战略发展中发挥了积极作用。

作者简介

吴家胜，男，1969年生，浙江农林大学二级教授、博士生导师、副校长。入选国家"百千万人才工程"，国家有突出贡献中青年专家，浙江省"151人才工程"第一层次人才，浙江省高校中青年学科带头人。兼任国家林业和草原局香榧工程技术研究中心主任、香榧产业国家创新联盟理事长、中国林学会森林培育分会常务理事、中国自然资源学会森林资源分会副主任委员、浙江省林木新品种审定委员会副主任委员、*Frontiers in Genetics*杂志副主编等职务。主要从事香榧生态化栽培、功能性新品种选育、采后加工与综合利用等方面的基础理论和应用技术研究。近年来主持科学技术部林业行业公益性项目、国家自然科学基金重点和面上项目、国家农业科技成果转化资金、浙江省自然科学基金重点项目等国家和省部级项目20多项。在*Nature Communications*、*Food Chemistry*、*Plant Physiology*、*Agricultural and Forest Meteorology*、《林业科学》等国内外学术期刊发表论文170余篇，其中SCI论文70余篇。授权新品种10个，发明专利7项。获国家科学技术进步奖二等奖2项，浙江省科学技术进步奖4项，梁希林业科学技术奖一等奖和二等奖各1项。

无患子研究进展及产业促进

贾黎明

（北京林业大学林学院院长、教授）

一、无患子主要用途及产学研用合作

无患子（*Sapindus mukorossi* Gaertn.）是无患子科（Sapindaceae）无患子属（*Sapindus*）树种，别名木患子、洗手果等。我国无患子属树种还有 3 种 1 变种，包括川滇无患子（*Sapindus delavayi* Radlk.）、绒毛无患子（*Sapindus tomentosus* Kurz）、毛瓣无患子（*Sapindus rarak* DC.）和石屏无患子（*Sapindus rarak* var. *velutinus* C. Y. Wu et T. L. Ming）。其中，分布最广的种是无患子，其次是川滇无患子。自然分布北达河南辉县南太行海拔 500 多米的山上，南到海南及云南西双版纳，东至浙江、福建和台湾，西达川西和滇西的广大地区，以亚热带为主。现在福建、贵州、广东、湖南、浙江等地均建立了无患子种植基地，面积约 100 万亩。

无患子是集日用化工、生物能源、生物医药、园林绿化、生态修复、木材生产、历史文化于一体的多功能树种。无患子果皮中富含三萜皂苷（10%～27%），是纯天然绿色的非离子型表面活性剂，具有很强的去污和起泡能力；种仁含油率高达 40% 以上，油酸和亚油酸高达 60% 以上，是生物柴油、高级润滑油的原料；种皮坚硬，

---

* 2023 年 11 月，在江西赣州举办的第二十一届全国森林培育学术研讨会上作的主旨报告。

是高级活性炭原料。无患子被纳入《全国林业生物质能源发展规划（2011—2020年）》重点发展。在生物医药领域，无患子是《本草纲目》中记载的唯一的沐药同源树种，"洗头去风明目、洗面去黔"。《岭南草药志》《普济方》等中药典籍中也记载无患子可治疗牙齿肿痛、哮喘、厚皮癣等，它是南药的主要种类之一。现代医学研究表明，无患子皂苷单体有抗菌、抗肿瘤、保护心脑血管、保肝、抗疼痛和抗焦虑、提高药效和促进抗生素吸收等功效，开发潜力很大。无患子树体抗逆性强、根系发达，树形美观，夏花、秋叶和果实金黄，在亚热带地区被尊为"菩提树"，是记得住乡愁的"乡土树种""伴人树种"，是我国南方园林绿化及生态修复的重要树种，在园林绿化、石漠化植被修复、水土保持林营建等方面有着十分重要的价值。无患子作为果材兼用型树种，也已经进入《国家储备林树种目录》（2019 年版）。

国家发展和改革委员会印发的《"十四五"生物经济发展规划》（以下简称《规划》）指出，发展应聚焦人民群众在医疗健康、绿色低碳等领域更高层次需求和大力发展生物经济的目标，提出了生物医药、生物农业、生物质替代、生物安全四大重点发展领域。无患子产业顺应《规划》新趋势，是践行"绿水青山就是金山银山"理念的重要实践，正在生物环保、人民健康和生物能源领域发挥着越来越重要的作用。2018 年 9 月，"无患子产业国家创新联盟"经国家林业和草原局批复成立，理事长单位为北京林业大学，共有 27 个成员单位；2021 年 7 月，"无患子产业分会"经中国经济林协会批准成立，理事长单位为福建源华林业生物科技有限公司，共有 53 个成员单位。成员单位积极组织和参加年会、联合研发、技术服务、宣传推广等，联盟连续荣获"高活跃度林业和草原国家创新联盟"称号。

二、无患子原料林高效培育关键理论与技术

北京林业大学无患子研发团队组织多单位（北京林业大学、福建源华林业生物

科技有限公司、江南大学、北京工商大学、北京中医药大学、西南林业大学等）、多学科（林学、林业工程、生态学、中医药等）的稳定无患子研发创新团队，与产学研用合作企业福建源华林业生物科技有限公司密切协作，投入50余名研究人员（其中研究生30余名），开展历时10年的研究工作，每年投入1000～1800人次在基地开展研究工作，在生物学和生态学特性、种质资源与良种选育、原料林高效培育技术3个方面取得了系列研究成果。

（一）夯实基础：生物学和生态学基本特性及机理

1. 构建我国首个无患子重要物候表

无患子的重要物候期包括芽发育、叶和枝条发育、花序出现、开花、果实发育、果实成熟、叶片衰老、休眠，共8个主要阶段。其在春季大于10℃的日均温持续8～10天后开始进入萌动期，在大于18℃后开始抽生出花序，在大于22℃后进入初花期；福建建宁重要花期处于当地降水量较高时期，花粉活力和受精能力受到影响，果实坐果不稳。在福建建宁构建起我国首个无患子重要物候表的基础上，贵州贞丰、湖南石门、广东云浮等地的重要物候表也已构建。

2. 无患子花芽当年分化规律及进程

无患子芽为混合芽，一般在翌年的2月下旬或3月上旬开始萌动，主要由一年生枝上部的前1～4个侧芽所抽生的中枝和长枝成花。花芽分化可划分为未分化期（前一年芽长出至2月下旬）、花芽分化初期（3月上旬至3月中旬）、花序分化期（3月中旬至4月下旬）、花萼分化期（4月下旬至5月上旬）、花瓣分化期（4月下旬至5月上旬）、雄蕊分化期（4月下旬至5月中旬）、雌蕊分化期（4月下旬至5月中旬）。当有效积温达到0～23.9℃，日照长度达到10.4～11.6h时，无患子开始萌芽；当有效积温达到23.9～42.9℃，日照长度达到11.6～12.1h时，花芽分化启动。

3. 无患子虫媒授粉规律及人工辅助授粉

无患子授粉方式为虫媒授粉，主要传粉媒介包括蜂类、蝇类、虻类和蝶类等。雄花被访问高峰期为中午12点，雌花为下午2点，每朵小花被访问时间为1～3s，昆虫口器接触子房基部吸取花蜜，蜜蜂携粉足能从雄花上携带大量团状花粉。人工辅助授粉能有效提高授粉率，其中液体授粉效果最优。自花授粉和异花授粉均有较强亲和力，在种植园的品种配置中，为保证坐果率，需要合理配置栽培品种，使得雌雄花花期相遇，同时释放蜜蜂，提高授粉概率。

4. 无患子开花基本习性

无患子的花发育涉及3个重要步骤：①春梢枝条顶部花序原基的诱导和发育［图1（a）、图1（b）］；②圆锥花序主轴和一、二、三级花序分枝的伸长及花序主结构形成［图1（c）～图1（f）］；③花序的基本组成单元二歧聚伞花序的分化及4轮花器官原基的形成，雌雄配子体的发育及其发育过程中因雌蕊或雄蕊的败育引起的性别分化［图1（g）～图1（j）］。

图1 无患子花序发育及结构形成过程

5. 无患子雌雄花发育形态学特征

无患子早期雌花（female flower，FF）和雄花（male flower，MF）的发育均经历了两性时期，从花器官原基形成至小孢子形成阶段两种花基本没有差异。但从雌蕊的减数分裂过程开始出现明显差异，雌花的雌蕊能够正常减数分裂和有丝分裂，而雄花的雌蕊在珠被扭转的过程中出现败育，最后因胚珠细胞死亡导致子房塌陷。

为揭示无患子性别分化过程的分子调控机理，笔者构建了性别分化的关键基因调控网络，发现细胞分裂素、生长素和赤霉素信号因子参与调控性别分化过程，挖掘出 *SmARR13*、*SmGRF7/8* 和 *SmMYC21* 可能是雌性性别决定因子，而 *SmAP3*、*SmSTK*、*SmSHP* 和 *SmDELLAs* 参与了雌花发育的过程，*SmMADS21*、*SmMADS25*、*SmPI* 和 *SmAGL15.1*、*SmMYB160*、*SmSAURs* 可能是参与雄花分化的关键调控因子。

6. 无患子次生代谢物的主要成分及积累模式

无患子叶、花、枝、根、果皮中的总皂苷含量（0.98%～13.26%）显著高于总黄酮含量（0.31%～1.74%），除果皮外，花和叶也含有丰富的皂苷和黄酮；果皮总皂苷在果实膨大期（S4）达最大值（16.79%），而后小幅度降低，并保持在较高水平；果皮中鉴定出54种皂苷，其中25种为不同时期的差异积累皂苷。这些皂苷可分为前期、中期和后期积累3种积累模式。对无患子果实中不同时期主要次生代谢物含量进行生理测定，发现花授粉后135天和150天分别为果实皂用和油用采收的最佳时期。

对无患子果实8个发育时期进行代谢组学和转录组学分析，发现 *SmACT*、*SmUBP*、*SmACT+SmUBP* 和 *SmACT+SmUBP+SmRPL1* 是最适合于无患子果皮生长过程三萜皂苷生物合成途径基因表达研究的内参基因或内参基因组合。皂苷生物合成候选基因和候选miRNAs在某些时期特异性表达，miRNAs与相应预测靶基因的表达模式在大多数果皮生长时期下呈负相关关系。获得135个三萜皂苷合成候选酶基因，大多数在果皮生长早期（S1～S4时期）高表达。获得多个皂苷特异性基因、

miRNA 模块，构建分子调控网络（图 2），绘制了首个无患子三萜皂苷生物合成途径图（图 3）。筛选出适合于果皮三萜皂苷合成基因表达量研究的内参基因 *SmACT*；皂苷生物合成候选基因和 miRNAs 在特定时期特异性表达；关键基因 *SmCYP71D-3* 与 *SmbHLH2*、*SmTCP4* 和 *SmWRKY27* 间存在互作关系。

7. 构建无患子高质量参考基因组

组装基因组大小为 494M，Contig N50 为 2.5M，共注释得到 24846 个蛋白编码基因，与龙眼共享一次近期的全基因组复制事件。组装基因组为良种选育、栽培技术及功能基因深度研究提供坚实基础，丰富无患子科基因资源。目前，全面解析工作正在开展。

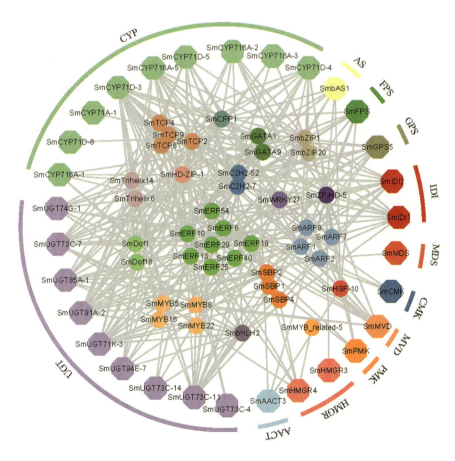

图 2　无患子三萜皂苷生物合成的调控网络

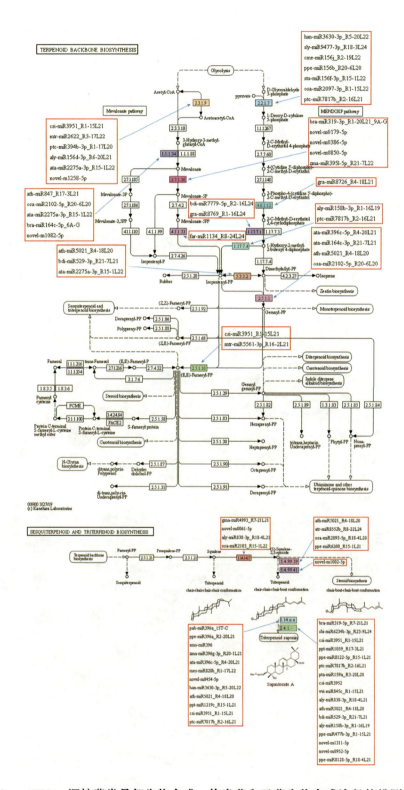

图3 miRNAs调控萜类骨架生物合成、倍半萜和三萜生物合成途径的推测模型

（二）良种先行：种质收集及良种选育

1. 建设国家级种质资源库

2014年，研究团队在福建建宁建立了无患子属种质资源库，规划营建面积约20.67hm²，包括无患子属无性系种质资源圃、家系种质资源圃、优良无性系扩繁圃3个部分。目前，共收集和保存我国无患子属种质资源375份，包括无患子298份、川滇无患子58份、毛瓣无患子11份、石屏无患子8份。所建无患子种质资源圃所收集无患子来自我国河南、安徽、江苏、贵州、四川、重庆、云南、福建、浙江、江西、广东、广西、湖北、湖南、海南等15个省（自治区、直辖市）及越南1个地区。收集区域北起河南新乡南太行山山脉，南至海南屯昌热带丘陵区域，横跨21.52个经度、16.17个纬度，收集资源具代表性且非常丰富。2021年，"建宁县无患子属种质资源库"获批第三批国家林木种质资源库。

2. 无患子属筛选优良种质

基于农艺性状对375份无患子属种质资源进行评价筛选，发现我国无患子存在丰富的农艺性状多样性。通过筛选得到油用、皂用及综合利用各10份优良种质，其中种质80号、110号和112号具有良好的高产潜力。将筛选得到的综合利用、油用和皂用优良种质分别与无患子属种质平均水平相比，增益最高可达到289.25%。其中，油用优良种质显著提升了267.54%的单位面积产油量，皂用优良种质显著提高了289.25%的单位面积产皂量，综合利用优良种质提高了104.39%的单位面积产皂量。目前，团队共选育和审定6个新品种，分别为'粤硕菩提''媛华''稳稳''圆圆''红昕''琦蕊'（图4）。

3. 无患子属种质资源遗传多样性

基于无患子属全基因组重测序分析，将我国无患子属划分为6个亚群，分别是川滇无患子亚群、毛瓣无患子亚群、北方亚群、东南亚群、黔西南亚群和杂种群体，

(a)'粤硕菩提'　　(b)'媛华'　　(c)'稳稳'　　(d)'圆圆'　　(e)'红昕'　　(f)'琦蕊'

图4　6个无患子新品种

不同亚群间存在大量混合种质；杂种群体可能起源于黔西南亚群与川滇无患子或毛瓣无患子的杂交，绝大部分无患子种质为二倍体，但也存在天然同源四倍体无患子种质；无患子属亚群均在距今约200万年前有效群体大小表现出持续下降的趋势，推测与第四纪大冰期众多物种多样性丢失事件相关。

4. 无患子属适生区区划

我国无患子属生态适宜性适生区广泛分布于华中和华南地区，无患子、川滇无患子及毛瓣无患子由于长期地理隔离，形成不同的生态适宜性。最暖季降水量是决定无患子属及各种的适生区最显著生态因子，无患子适宜在最暖季降水量400～800mm、等温性为24%～35%的区域分布。川滇无患子相比于无患子，更适宜在高海拔1200～3000m、最冷季平均气温为4～11℃的环境下生存，毛瓣无患子更适合年均温度变化范围（14～24℃）较小，最暖季降水量（550～1550mm）较高的热带地区。无患子属适生面积占国土面积的25.82%，无患子适生区面积占国土面积24.98%。全球范围内，无患子属适生区可达全球陆地面积的40.67%。

（三）原料林高效培育技术

1. 虫媒控制授粉

通过在初花期每5亩地释放3脾蜂（有蜂王），可以有效促进无患子果实的生长和发育，使得产量在11月成熟期之后达到每亩450.32kg，较未进行蜜蜂投放的情况提高了 1.2 倍。这一结果不仅为果园管理提供了实践指导，也强调了生态平衡在农业生产中的重要性。在实践中，农户可以通过加强蜜蜂管理和增加传粉媒介的投入，进一步提高果实产量，提升果园的经济效益。同时，蜜蜂的活动也有助于维持果园生态系统的稳定性和多样性，促进了农业可持续发展。农户和生态环境之间的良性互动将是未来果园管理的重要方向。

2. 高光效整形修剪

利用可视化三维扫描技术研究了较为理想的树体结构及其叶分配特征，结果表明：①自然树冠光环境不合理，内膛光照度仅为空地光照的10%～15%；②经骨干枝处理后外围光照度达到空地光照度的40%～54%，中部为32%～35%，内膛为27%～31%，单位投影面积保留16～18个结果枝时以347g/m^{2}的产量增加；③控制骨干枝角度主要是调整光分布，当角度为60°或90°时可以保证垂直方向光吸收率提高2～3倍。阐明基于3D的高光截获机理：理想株形展叶后分形维数达1.988，保证最大空间占比，高效利用光能；形成高光效构型，3骨干枝，开张角60°，每平方米16～18个结果枝组可使产量提高2倍以上、光截获率提高3倍以上，全树叶量最高可达8900片复叶，大幅度减少8月落叶量。

3. 关键生育期配方施肥

合理施肥可以提高无患子的生长速度、果实产量和经济效益。不同氮磷钾施肥对'媛华'的树高、地径和冠幅生长有明显的促进作用，同时施用氮磷钾肥可有效改善花序和果实经济性状指标，提高无患子产量。'媛华'无性系林地施肥建议如下：4—5月施促花肥，促花肥占全年施肥量的比例为氮肥40%、磷肥35%、钾肥25%；7—8月施壮果肥，占全年施肥的比例为氮肥30%、磷肥30%、钾肥40%；11—12月施采后肥，占全年施肥量的比例为氮肥35%、磷肥30%、钾肥35%；全年氮、磷、钾总施肥量分别为515.54kg/hm^2、444.48kg/hm^2、312.77kg/hm^2。

通过综合利用无患子原料林高效培育技术，大幅度提高无患子产量，2017年示范林亩产达到450kg，较往年提高1倍以上；'媛华'无性系示范4年幼林亩产达到100kg，较对照提高2.59倍，较实生苗提高3.07倍。同年，中央电视台CCTV2《生财有道》节目报道了建宁无患子原料林试验示范林丰产的消息。

三、"林油一体化"多联产产业可持续发展模式

国家林业和草原局设立"'林油一体化'产业可持续发展模式及相关因素研究"项目，由无患子研究团队开展研究。团队采用生命周期评价法（LCA）对无患子原料林及产品进行了全生命周期环境影响评价。研究表明：无患子培育与综合利用造成的环境影响较小，温室气体减排潜力较大，果实、生物柴油和多联产系统部分产品组合的果实碳足迹为负值；果实产量是影响无患子培育利用环境表现和经济可行性的关键因素，现有实生原料林需进行分类经营和定向培育，无性系林是最优的原料林培育模式，也是未来造林的首选模式；建立多联产系统是无患子可持续培育与利用的有效途径，也是保证无患子用于生产生物柴油经济可行的唯一有效途径。此外，在设置无患子碳足迹核算的系统边界时应充分考虑林分栽植年限、林木最终处置方式、果实利用方式等因素。在制定林产品生命周期评价标准或指南时，应建立林木生物质碳取舍体系，完善林业领域的生命周期评价体系。

无论是从环境影响还是从经济效益出发，无患子无性系林是最优的原料林培育模式，是未来新造林的首选模式，其生产1t无患子干果，碳足迹为0.82t二氧化碳。与当前的实生林相比，无性系林既提高了单位面积林地上的果实产量，又减少了果实培育造成的环境影响，还能扭转当前实生原料林种植亏损的局面，在20年项目期内可实现净收益8.97亿元。

从单种产品来看，无患子手工皂和无患子生物柴油均具有较高的温室气体减排

潜力。无患子手工皂的碳足迹仅为全球普通肥皂平均碳足迹的 24.4%，为欧洲普通肥皂的 50.9%，与以麻风树为原料生产的肥皂的碳足迹接近；无患子生物柴油与普通石化柴油相比，温室气体减排潜力最高可达 15.21kg CO_2eq/kg。从多联产系统来看，"无患子皂苷液（30%）+ 无患子油 / 无患子生物柴油"和"无患子皂苷液（30%）+ 无患子油 / 无患子生物柴油 + 活性炭"的多联产系统均是净碳汇，处理 1t 无患子干果，系统能吸收 1.64～2.33t 的二氧化碳当量；"无患子手工皂 + 无患子油 / 无患子生物柴油"和"无患子手工皂 + 无患子油 / 无患子生物柴油 + 活性炭"的多联产系统的碳足迹只有 0.52～1.20t CO_2/t。

"优良无性系种植园模式 + 多联产产业链模式"是未来产业高效可持续发展的理想模式，可有效实现产业自养（图 5）。为保障原料的有效供应，进一步促进产业可持续发展，需要政策的有力推动，建议政府出台相关文件保障产业优先享受营造林

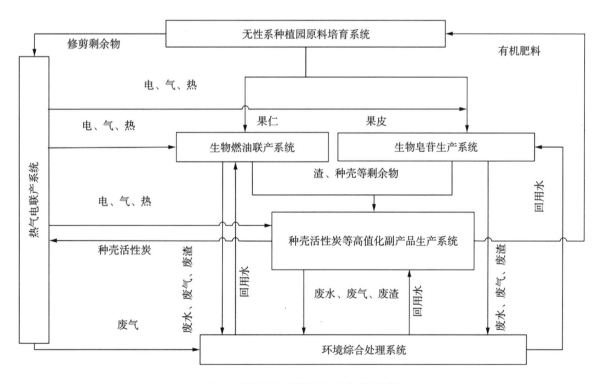

图 5　无患子"多联产产业链模式"

普惠财政补贴政策、国家种业和良种优惠政策、财税优惠政策等，并强制石化柴油中配比生物柴油，拓宽生物柴油的推广应用渠道。

四、无患子产业发展及展望

"多联产产业链"研发成果促进福建源华林业生物科技有限公司企业技术和产品等的快速升级，推动了产业革新。其在拥有1200m^{2}年处理5000t果生产线基础上，萃取技术升级，建设年产2590t皂苷液生产线。企业建设了10万级净化车间2400m^2，可年产1万t以上无患子洗护产品。企业产品实现更新换代：从原先的产品（单功能手工皂＋机制皂）到如今的多类型洗护产品，如手工皂（清爽型、滋润型、保湿型）、洗发水（滋养型、去屑型、防脱固发型等）、护发素、沐浴液、洗涤剂、洗衣液、免洗消毒凝胶、面膜。

在无患子产业领域，未来将继续加快天然皂苷等植物活性成分逐渐代替或部分代替工业合成表面活性剂等化学成分，构建现代生物产业体系，有序推进无患子在绿色环保表面活性剂、生物医药等方面的多功能开发利用。定向选育、推广和应用高含油率无患子能源林新品种，因地制宜开展多功能生物能源原料林基地建设，大力发展无患子产业，助力推动生物环保与生物能源产业发展。通过各方不断协作、努力和支持，无患子产业必将为生物技术赋能经济社会发展贡献出自己的力量。

作者简介

贾黎明，男，1968年生，北京林业大学森林培育教授、博士生导师。现任北京林业大学林学院院长，兼任中国林学会森林培育分会理事长、无患子产业国家创新联盟理事长、中国经济林协会无患子产业分会常务副理事长等。为国家级课程思政教学名师、全国林草教学名师、宝钢优秀教师、霍英东教育基金教育教学奖获得者、全国林草科技创新团队负责人。主讲课程森林培育学为国家级一流课程（金课）、国家课程思政金课。主要在城市森林和风景游憩林培育、困难立地拟自然植被恢复、杨树速生丰产林精准水养管理、无患子原料林高效培育及多联产产业链构建等领域取得多项创新成果。发表学术论文203篇（其中40篇SCI、11篇EI），创制植物新品种6个，获省部级科技奖励7项。

创新林机专业社会服务体系建设，加快推进林业机械现代化

周建波

（国家林业和草原局哈尔滨林业机械研究所常务副所长、研究员）

我国林草资源种类丰富，居世界前列，林业产业总产值由 2012 年的 3.95 万亿元攀升至 2022 年的 8.37 万亿元，我国现已成为林产品世界第一大国。但在产业发展的过程中，瓶颈问题也逐渐显现，如技术装备缺乏系统研究、装备资源整合度低、资金人力投入不足、全产业链机械化程度低等问题长期存在，并制约着林草产业的发展。在践行"绿水青山就是金山银山"理念过程中，建立健全林业机械社会服务体系以及推动林业机械的现代化发展是林草产业发展的关键环节。本文分析林业机械（以下简称"林机"）社会服务体系在森林经营、木本粮油、木竹采运、防沙治沙等领域的应用现状及现存问题，并提出相关建议，以期通过林机社会服务体系构建，为林机行业提供一种新型作业模式，降低产业全过程机械化成本，从而推动林机产业发展，提高多方产业全面机械化水平。

---

* 2023 年 7 月，在黑龙江哈尔滨举办的第八届中国林业学术大会 S18 森林工程与林业机械分会场上作的特邀报告。

一、林机社会服务体系现状及存在问题

(一)林机社会服务体系概述

林机社会服务体系是指与林机相关的社会经济组织,为满足林业生产的需要,为林业生产的经营主体提供如抚育、栽培、采收、植保、设备维修、机械供应等林机社会服务而形成的网络体系。参考农业社会化服务体系,构建林机社会服务体系的原理如图1所示,将政策法律、林机领域的经济条件及社会文化作为上层理论与经济基础,将林业作业环境及相关基础设施建设作为配套条件,开展林机体系化研发、组织化利用等,实现产业化林机服务。其中,林务主要是指在林业结构体系中挖坑、施肥、栽苗、林间管理、采收、贮藏等人为作业的林业生产活动。组织体系主要由公共服务机构、龙头企业、合作组织,以及其他社会力量构成。其中,公共服务机构主要包括仓管设立、站点建设、道路运输等,龙头企业主要包括林机大户、林机龙头企业等大型机构,合作组织主要包括林机站点、林机合作社等,其他社会力量主要包括林业散户、林机技术人才、林机经纪人等。建立林机社会服务体系,旨在降低人员劳动作业强度、林业产业各环节成本,提高作业人员

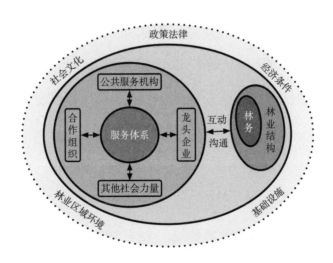

图1 林机社会服务体系运行原理

的技术水平、林业生产效率、装备更新速度，推动服务主体多元化，满足行业发展需求，促进产业经济效益，推动林机行业向机械化、自动化、智能化、信息化发展。

（二）国内外林机社会服务体系现状

目前，需要大宗林机作业及机械作业成本较高的应用领域主要为森林经营、木本粮油、木竹采运及防沙治沙等。本文以上述应用领域为例，借鉴国外成熟林机社会服务体系，构建符合我国林业产业的林机社会服务体系。

1. 森林经营

森林经营林机专业社会服务主要包括营造林建设、抚育、森保、采伐等。目前，由于我国营林作业受季节性、地域性影响大，大部分地区的营林抚育无法采用机械设备作业，针对小规模林场，其挖坑种树、抚育剪枝仍采用人工作业，只有在灌溉、施药等过程会采用小型灌溉、喷药设备。而在大规模、条件丰厚的大型林场会采用机械化营林设备，高昂的设备成本严重制约了营林作业机械化进程。

国外营林作业设备大多以多工序智能化设备为主，其作业模式往往采用多种设备联合作业，且作业设备兼顾操作人员的安全健康保护，噪声小、损伤小、效率高，对作业人员更为友好。国外的营林设备一般由林机企业或公司提供设备租赁或销售等相关服务，私有林场雇佣相关作业人员、租赁林机设备进行整地抚育、森保施药等作业，在作业过程中设备配合更专业，且产业规模化程度更高。

2. 木本粮油

我国木本粮油产业是林业产业的重要组成部分。目前，我国木本粮油在育苗、栽培、抚育、采收等环节仍以人工作业为主，机械设备的作业成本高，农户购买使用困难，且无法适应复杂多样的林地环境。截至 2020 年，我国木本油料种植面积已达 1640 万 hm^2，年产食用油约 104 万 t，可供开发的木本粮食植物有 100 多种。以油茶果产业为例，将油茶果采收过程分为采前、采中和采后3个环节，目前油茶果使用成本高昂，其人工采摘成本占总成本的30%以上。据调查，国内油茶油价格平均高达每千克120元，高纯度油茶油价格更加高昂。因此，针对油茶果采收设备的研制是该产业发展全程机械化的重要环节。目前针对平地、宜机化的油茶园，研制了自走式振动油茶采收机、龙门架式振动采收设备等，但大多以单机作业模式为主，缺少体系化装备的研制，且成本高昂、农民购买困难，急需将各类作业装备统筹规划，改善农民购买、使用困难等问题。

国外的木本粮油产业大多以家庭式林场为主，采用私人经营的方式，在采收环节往往会聘请专业的林机服务团队。以橄榄果为例，国外Moresil林机公司作为采收设备的生产与销售方，为橄榄果林户提供橄榄果采收服务，针对不同的地形采用不同的作业设备，服务更为专业化：在规范化修剪橄榄树采收时，采用龙门架振动设备与收集车配合的作业模式；在人工修剪橄榄树采收时，则采用收集伞配合人工采打的方式进行作业。

3. 木竹采运

中国是木材需求大国，据统计，到2022年，我国每年木材消耗量约2亿 m^3，而同年我国的木材产量仅为1亿 m^3，对外进口依存度超过50%，供需关系紧张。竹材作为我国特有的林木资源，"以竹代木""以竹代塑"的理念不断推进，竹材的采集运输也愈发关键。目前，木竹的采伐集材以及运输仍采用人工作业或溜坡下山为主，安全性低，集材成本高。针对此种现状，国内学者从不同的角度进行了研究，兰勤等研发出一种覆盖面大的竹材采集系统，利用索道在山地塔架间牵引集材。陆美珍等研发出利用管道运输竹材下山的方式，通过铺设轻简管道，对竹材进行无动力管道运输，但尺寸要求较高，存在较大局限性。姚文斌等则利用控制及无线传输系统，采用无人运输车进行轨道运输，通过自动化智能引导进行运输作业，但仍存在轨道铺设困难、集材效率有限等问题。目前，国内正将运输的研发转向可移动式塔架方式，利用可移动式塔架来降低搭建成本，并结合服务队形式进行设备搭建、采集作业。

欧美等木材产业大国在进行木材采伐集材作业时，往往采用服务队体系化作业，由采伐集材公司派遣作业，统筹采伐联合作业设备、抱木集材设备、索道运输设备等体系化作业，以大面积采伐联合作业为主，具有效率高、成本低、作业连续性强等优点。在欧美国家，由于地广人稀的地域特征，阔叶林种植面积广，种植地形相对平缓，大型采伐集材设备联合作业能力强，设备的智能化、信息化可以实现设备与设备间的信息共享以及人机交互。

4. 防沙治沙

防沙治沙是我国特有的，为维护生态安全以及促进经济和社会可持续发展的重要举措。截至 2022 年年底，我国累计完成防沙治沙任务 2033.3 万 hm^2，封禁保护总面积达 180.51 万 hm^2。我国在防沙治沙领域成效显著，但防沙治沙工作具有长期性、艰巨性、反复性和不确定性，这意味着防沙治沙需要高效的、适应性强的设备以及完备的作业体系。治沙机械设备主要分为智能治沙机器人、牵引式固沙机、手扶式沙障机，但设备适应性弱，成本高昂，市场推广困难，设备研制尚未形成体系化，缺少规范化、专业化的服务队建设。应通过推进智能化信息化治沙设备研发，促进治沙机械设备的更新迭代。

（三）林机社会服务体系存在的问题

目前，在服务体系装备方面，我国户外林草机械化率不足 15%，而国外机械化率已超过 80%，现有设备缺乏体系化，传统"一机多用"的模式无法满足复杂的林地环境。在建设方面，组织管理、专业技术人员匮乏，缺乏合理网络化的林机站点建设；规模化、标准化的林机社会服务体系缺失，没有形成服务网络，缺乏统一的组织以及技术服务。在市场经营方面，未形成良好经营模式，人工及设备费用导致了高昂的生产成本，效率低的同时经济效益有限。

目前我国林机社会服务体系尚处于探索阶段，主要存在以下几点问题：

1. **林机装备缺乏**

首先，我国的林机装备研发起步较晚，常采用通用设备进行作业，缺乏针对不同地形、树种、栽培模式的作业装备；其次，我国目前装备仅针对某一环节进行研制，缺乏体系化装备的研制；另外，我国现有的作业装备无法涵盖整个作业流程，仍有大部分作业环节处于无机可用的状态。

2. **装备技术人员短缺**

目前，我国林业装备行业内，技术人员培养体系不完善，林机技术人才断档严重。专业技术人员不足导致了作业装备的维护难度大幅提升，不利于行业的发展。另外，大国工匠专业技术人员的稀缺严重制约产业向高精尖方向发展。

3. **林机站缺乏**

目前，我国的林机站建设尚属空白，基础建设并不完善。国内拥有系统性、多样性林机装备的大型企业、林机大户较少，缺乏行业顶尖力量。统筹、集中管理体系缺乏，使得行业力量分散、无法集中起来做大事也是难以忽视的问题。

4. **专业服务队空白**

目前，农机领域专业服务队建设已初见成效，但林机服务产业化、组织化、数字化程度低，缺乏统筹与规划管理，不具备提供大规模服务队的能力，急需填补专业服务队空白。

5. **装备售后不完善**

由于产业落后，目前我国的林机行业售后服务水平整体落后于国际水平。技术咨询能力的不足导致了装备售出或租赁后缺乏操作技术指导，林业工作人员无法安全正确地操作设备作业。由于售后体系的缺失，装备维修困难，难以及时修复装备作业时因环境带来的损伤。无法与客户及时进行信息交互，使得行业难以及时吸取实践经验并进行迭代升级。中介服务的缺失，使得产品的推广效果不佳，严重制约产品的利润空间，难以完成产业的可持续性发展。

二、林机社会服务体系搭建方式与创新构建

（一）林机社会服务体系搭建方式

随着对林机社会服务体系的理论探索与初步实验，急需通过整合林机资源、专业服务配置、构建体系化服务组织的方式进行林机社会服务体系搭建。

1. 整合林机资源

通过资源整合，充分提高林机工作效率，推动林机跨部门、跨地区作业，形成产前、产中及产后各环节项目关联，提高林机服务的社会化与产业化。如图2所示，对各单元的特长进行发挥整合：林机企业负责林机的生产制造；科研单位主攻林草装备的智能化、信息化发展；林机合作社及个体户为林机的实际使用对象，也是相关问题的反馈主体；中介组织则为企业、合作社与客户之间的纽带；最后由林机监管部门进行政策制定及统筹协调。

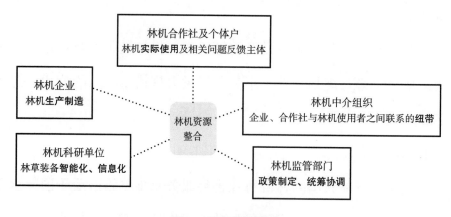

图2 林机资源整合

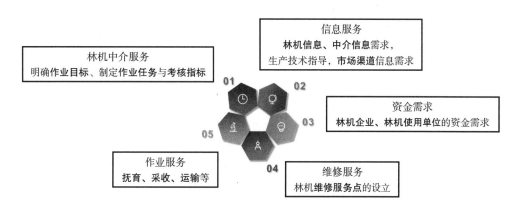

图3 林机服务配置专业化

2. 配置专业服务

提高服务队装备、服务人员、服务队建设等全体系服务水平，如图3所示，为林业行业提供可靠、专业的服务保障。在为林机社会服务提供作业服务中介、信息作业等服务时，要秉持"需要什么、补充什么；缺乏什么、研发什么"的服务理念，摒弃过去的思维惯性，向实际需求靠拢。

3. 构建体系化服务组织

体系内各单元各有所长、各司其职，逐渐完成一套规模大、响应快、结构完整的服务体系，通过林机中介组织、林机企业以及林机合作社搭建新型服务模式和组织体系，林机中介组织妥善搭建服务主体与林机服务间的沟通桥梁，完善社会服务体系架构。林机企业研发体系化、智能化作业装备，提升了林机整体作业水平。林机合作社充分发挥林机合作社的管理调配职能，合理分配人员装备。

（二）林机社会服务创新构建

目前，针对我国林机作业装备的研发与应用存在效率低、成本高、普及低、应用程度不高等问题，以及森林经营管理、木本粮油种管采收、木竹采运下山、防沙治沙治理管护等对大宗林机作业及机械作业成本较高的应用类型的需求，提出了林机社会化服务体系这一新型模式的构建。

1. 林机社会服务体系构成

由于我国林机社会服务体系尚处于起步阶段，其体系架构、运行模式、机械设备发展需要借鉴国内外现有农机服务体系。美国农业生产单位大多为大型家庭农场，农机服务组织一般是以盈利为目标的农机生产企业、农机租赁公司、农机作业服务公司以及农机合作社等。而我国林机服务装备体系装备应以林机设备采购、大户林机加入、装备自主研发等为主要来源，构建便民的林机服务站点，为农民提供高效便利的林机装备，降低劳动强度与产品成本。通过构建林机服务站网络，覆盖各产业产区，实现跨区域跨领域协同作业。各林机服务站统一管理、统一派送、单机核算，建立规模化、标准化的林机社会服务体系。

林机服务人员体系中，服务队人员主要来源包括专业招聘、人员培养以及林机大户加入，其人员构成按工作内容主要分为研发、调度、作业、维修4个部门。将林机设备研发、林机站点管理调度、林机实地作业、林机售后服务等4个主要环节紧密相扣，为林业大户、林务人员提供可靠、完备的林机服务，通过校企联合、配备专业服务队人员，保证作业的连续性和稳定性。

2. 林机社会服务体系作业模式

林机社会服务体系的运行模式主要分为以下3步。首先，组织林机企业、林机大户、栽植大户等建立林机专业社会服务队及服务站点，完善专业装备制造、专业人员储备。其次，针对农民作业需要，提供抚育、栽培、采收、植保、林产品的预处理、维修、林机供应、技术培训咨询等林机社会化服务。最后，满足林业产业发展需要，推动林业产业发展。

林机社会服务的作业环节，大致可分为前期准备、作业工段、后期保障3个环节。其中，前期准备内容如下：①对选定的机械进行全面的检查和保养，包括检查机械的运转部件、定期更换机油、清洗部件等；②对操作机械的人员进行专业培训，包括操作技能、安全意识和应急处理等方面；③制定完善的安全防护措施，包括设置安全警示标志、穿戴个人防护装备、现场进行安全检查等；④制定合理的工作计划，根据林地的实际情况和作业机械的特点，制定作业方案，并对现场进行合理的布置；⑤准备好所需的油料、电池、工具、维修设备等物资，并进行质量检查和使用前处理等，以确保物资性能安全，能够正常使用；⑥针对可能出现的紧急情况制定应急预案。

作业工段则根据不同的林机作业领域采取不同的作业方式，主要包括：①确定作业计划，根据不同作业场景开展对应的工作计划；②对作业所需机械进行检查及维护，确保作业机械、运输等设备处于良好的工作状态；③按照设备的操作要求，转运设备进行作业；④遵守相关的安全作业规程，进行专业化作业。

后期保障主要包括：①协助农民将产品推向市场，寻找销售渠道，增加产品的附加值，促进产业链的健康发展；②开展培训活动，向农民和相关从业人员传授作业及维护设备的知识和技能；③帮助农民了解相关的政策扶持和资金支持，提供技术指导，促进林业产业的规范化和规模化发展。

三、林机社会服务体系发展建议与展望

针对林机社会服务体系探索中存在的问题，结合目前的发展趋势，提出以下建议：

（一）加大科研投入，弥补装备空白

装备是林机服务的基础，要积极推动科研攻关，推动多学科交叉融合，实现林机装备的自动化、智能化；推广"适树适机，多机联合"的作业理念，研发体系化、全程化林机作业装备；加强政、产、学、研、推、用结合，按照现代林业发展的要求及时调整林机装备结构，推动装备更新加速。

（二）建设完善人才体系，培养专业技术人员

目前，我国林机行业缺乏高精尖技术人才，要充分发挥林机科研院所、高等院校的作用；依托行业科技支撑计划等重大科研项目，集聚和培养林机行业中、高级科技人才；加强服务体系基层管理人员以及林机驾驶、操作、维护、修理等技术人员培训，注重培养技术人员，优化人才年龄架构。

（三）加强多方资源整合，完善网格化服务站体系

要加强基础设施建设，合理安排公共服务搭建；统筹规划多种作业装备，建立完备的管理调度体系；完善资源补贴政策，通过政策标准与规范，优化装备扶持体系。

（四）推进先进技术交叉融合，组建林机专业化服务队

建立健全林机社会服务体系，依托"互联网+"，构建高水平远程技术服务平台；构建林机社会服务生命周期管理系统，整合贯通生产作业的前、中、后各环节，实现林机社会服务全过程的数字化与可视化；探索新型服务模式，拓展服务主体，吸取国内外优秀服务队优点，提高服务队整体专业化程度。

（五）构建综合服务团队，完善售后服务水平

要建设林机经营服务中心，推动一站式综合服务团队服务创新；引导林机服务组织建立各类全程林事信息咨询服务中心，实现线上线下主体互动，提升售后专业服务能力；利用信息化技术提升林机售后服务水平，加快林机物联网、大数据等信息技术应用，推动林机智能化、信息化示范应用。

作者简介

周建波，男，1983年生，国家林业和草原局哈尔滨林业机械研究所研究员、常务副所长、党委副书记（主持全面工作）。主要从事现代林草智能技术装备及机器人研究工作，首次牵头主持"十四五"国家重点研发计划项目和国家林业和草原局应急科技

"揭榜挂帅"项目。主持国家及省部级科技项目11项；授权专利48件；发表论文75篇；出版专著1部；获软件著作权14项；主持研发新装备20余种，其中获得省部级科技鉴定成果7项，均处于国际领先水平。获国家高层次人才特殊支持计划国家"万人计划"科技创新领军人才、首批中国林业科学研究院青年领军人才、第八批国家林业和草原局百千万人才工程省部级人选等多项称号。获得第十和第十三届梁希林业科学技术奖二等奖、2023年度中国机械工业科学技术奖二等奖、北京市科学技术奖等多项科技奖励。

林木组分结构调控与功能化

张代晖

（中国林业科学研究院林产化学工业研究所研究员）

2021年3月15日，习近平总书记在主持召开中央财经委员会第九次会议时强调，实现碳达峰、碳中和，是一场广泛而深刻的经济社会系统性变革，要把碳达峰、碳中和纳入生态文明建设整体布局。寻找可再生的石油替代资源，以制备能源、化学品和材料是国家实现"双碳"目标的重要途径之一。我国具有丰富的木质纤维资源，特别是近年来人工林的大量种植（杨木、马尾松等），为可再生林木资源的高效利用提供了丰富的资源。当前，林业采伐加工剩余物等生物质资源产量已超3亿t，但普遍存在利用率不高、附加值较低的问题。此外，其中一部分通过燃烧还会造成环境污染，将森林固定下来的二氧化碳又重新排放到大气中。因此，针对林木加工剩余物的高效高值化利用需求迫切，对于我国林产化工行业绿色低碳发展及推动国家"双碳"战略具有重要意义。

一、生物基材料

生物基材料是利用可再生生物质或（和）经由生物制造得到的原料，通过生物、化学等手段制造的一类新型材料。从定义上讲，生物基材料原料可以直接是生物质

---

* 2023年11月，在辽宁沈阳举办的第十五届中国林业青年学术年会上作的主旨报告。

资源，或者经由生物制造得到的原料。生物基材料代替化石产品具有非常大的优势，具有减少化石资源依赖、低碳环保、原料可再生以及部分可降解等优点。同时，利用可再生资源可形成资源利用的闭环，有助于减缓温室效应。

生物基材料按照产品属性可以分为生物基化学品、生物基涂料、生物基聚合物、生物基橡胶、生物基化学纤维，以及生物基复合材料等。2022年，我国生物基材料产量已突破200万t，市场规模接近200亿元。高分子材料在我们日常生活中占据了不可替代的作用，包括手机保护壳、塑料袋、包装盒等。美国和欧盟已经提出，2030年高分子材料中生物基产品占比要提高到50%以上。2019年，我国高分子材料产量已经达1.5亿t，但其中生物基产品占比不足3%，因此，我国生物基高分子材料产业具有非常广阔的发展前景。目前，生物基高分子材料主要应用于农业和园艺、电子产品、包装、汽车等领域。此外，生物基材料常常被认为等同于生物可降解材料，但事实是石油基材料有一部分也可进行生物降解。这主要与材料的结构及制备工艺密切相关。

二、林木组分高效及高值化利用

当前，围绕化石基材料的替代，世界各国，包括美国、日本、德国和欧盟各国等，纷纷制定和出台了具有重要指导意义的中长期战略规划，推动利用生物质转化为材料、燃油和化学品。习近平总书记在向国际竹藤组织成立二十五周年志庆暨第二届世界竹藤大会致贺信时指出："中国政府同国际竹藤组织携手落实全球发展倡议，共同发起'以竹代塑'倡议，推动各国减少塑料污染"。因此，针对木竹资源主要组分结构特点以开发化石基高分子材料替代品，对于建设人与自然和谐共生的中国式现代化具有重要意义。

目前，生物基高分子原料来源广泛，包括与林业资源密切相关的纤维素、木质素、半纤维素、植物油和松香等，也包括与农业相关的淀粉、蛋白、多糖等。利用可再生资源制备生物基高分子材料策略主要包括两类：一类是利用天然小分子或者是以生物质资源转化得到的小分子平台化合物，通过聚合的方式形成生物基高分子；另一类将天然高分子直接进行修饰转化和结构调控。林木资源主要是由纤维素、半纤维素和木质素3种天然高分子相互作用形成的，是生物基高分子材料的重要原材料。其中，纤维素是由葡萄糖组成的大分子多糖，具有一定的结晶结构，可为木材提供强度。半纤维素通常是一种杂聚多糖，具有分支结构，而木质素由3种苯丙烷单元通过醚键和碳碳键相互连接形成的具有三维网状结构的天然高分子。三者的结构和组成受树种、生长周期以及分离方式等多种因素的影响，因此林木组分高效高值化利用的一个重要前提是实现三大素的高效分离。实际上，当前已有多种成熟的工艺和技术，包括造纸领域的纤维素分离、生物炼制、新型的绿色预处理（低共熔溶剂）等。

纤维素和木质素作为林木资源的重要组成成分，其材料化是实现林木资源高效高值化利用的重要手段之一。纤维素材料化的途径主要包括以下方式：

（1）纤维自身难以直接溶于水或者有机溶剂，因此结合纤维素的溶剂体系，包括离子液体、碱尿体系等，将纤维素溶解再处理是其材料化的一个重要手段。例如，将纤维素溶解在已有的溶剂体系中，再通过原位交联、小分子溶剂诱导等方式调控纤维素与溶剂体系相互作用，从而实现纤维素材料化。

（2）主要利用纤维素表面的羟基基团进行分子改性，包括接枝小分子（酯化、醚化及磺化等）或者高分子聚合物，从而打破纤维素分子之间的氢键相互作用，调控纤维素分子理化性质。

（3）将纤维素进行纳米化是纤维素高效高值化利用的重要手段之一。通过酸解、机械处理或者2,2,6,6-四甲基哌啶N-氧化物（TEMPO）氧化等将纤维素转化成纳米纤维素，改善纤维素的溶解性和分散性，拓展其在膜材料、凝胶材料、复合及功能材料等领域的应用。

（4）将纤维素经化学催化降解转化为平台化合物，随后再聚合获得高分子材料。例如，呋喃二甲酸是美国能源部认定的12个重要平台化合物之一，利用其制备的聚酯等材料具有独特的阻隔优势，可有效替代石油基产品，在包装等领域具有非常广阔的应用前景。目前，可口可乐、巴斯夫等巨头公司在此领域布局多年。

木质素作为一种无定形聚合物，其材料化途径与纤维素类似，主要包括直接共混、官能基团修饰改性（酚羟基、羟基、酸根等）、自组装纳米化以及接枝改性等。由于木质素是芳香族化合物中少有的可再生资源之一，目前其利用的一个热点方向是将其转化为含有苯环结构的平台化合物，研究集中在催化剂的筛选、选择性断键以及聚合体系的探究等。尽管纤维素和木质素材料化过程可整合到生物基材料制备的各个环节中，但仍存在的主要难点分布在以下研究领域：针对纤维素的绿色溶解体系、结构定向调控和修饰，以及自组装调控机制、精准解聚等；针对木质素的反应活性低、活性位点少，以及结构均一性差、解聚重组机制等。

三、林木组分结构调控与功能化

（一）纤维素基水凝胶材料

水凝胶是一类极为亲水的三维网络结构凝胶。因具有良好的生物相容性等优势，其在生物医学、农林业、柔性传感等领域具有广阔的应用前景。但传统水凝胶结构设计上的矛盾，导致其强度与韧性难以兼备。例如，通过加大交联密度可以有效提高水凝胶的力学强度，但是不可避免地会降低其应变能力。因此，如何制备高强韧水凝胶材料是目前的研究热点和难点。前期利用双网络、引入滑移组分、结合多重交联等策略已经取得了一定进展。纤维素本身在木材中是为其提供强韧性的一个重要组分，其在复合材料领域已被证明可提高基材的强韧性。但由于纤维素难于直接溶于水，需要对其羟基进行修饰改性或将其纳米化以改善溶解性，随后与聚丙烯酰胺等复合后提高水凝胶材料的强度和韧性。近期，中国林业科学研究院林业化学工业研究所团队通过小分子驱动调控纤维素分子自组装过程，利用纤维素可形成结晶结构的特点先构建增强相，随后与聚丙烯酰胺复合获得了强韧水凝胶材料，此策略实现了水凝胶强度和韧性的同步提高，强度和韧性可达到 2.0MPa 和 15.0MJ/m^3。利用纤维素羟基可进一步进行修饰，或与无机功能粒子结合，从而获得具有抗菌、抗冰冻等特性的水凝胶材料，拓展其在柔性穿戴设备、储能等领域的应用范围。

（二）木质素基胶黏剂材料

2021 年，我国人造板产量超过 3 亿 m^3，其中人造板行业每年对胶黏剂的需求量达到了 1800 万 t。然而 90% 以上是以石化资源为主体的含有甲醛的胶黏剂，存在潜在的甲醛释放风险。因此，利用木质素分子结构特点开发木质素基无醛胶黏剂，不仅可解决木质素高效高值化利用问题，同时对于改善广大人民群众家居环境具有重要意义。但因其复杂的立体结构形成的位阻效应，造成木质素分子存在反应位点可及性差、反应活性低、功能性不足等问题。针对木质素反应位点不足的问题，中国林业科学研究院林业化学工业研究所团队提出了多位点协同固化交联的新思路。借助核磁共振、X 射线光电子能谱等技术研究了木质素与多元胺等固化剂反应过程中的结构变化规律，揭示了木质素分子自由基耦合，协同酚羟基与胺基固化交联的结构重组新机制，创制了木质素含量大于 60% 的无醛胶黏剂新产品，其内结合强度和生物基使用量显著优于前期研究工作。此外，针对木质素分子反应活性低的问题，建立了在木质素分离过程中原位改性提高其反应活性的新方法，揭示了预处理过程中木质素分子原位解聚改性的结构调控新机制，从而制备了高强度无醛木质素胶黏剂（＞6.0MPa）。此外，通过明晰木质素分子在酚醛胶黏剂树脂化过程中的反应规律，创制了 E_{NF} 级木质素基无醛胶黏剂，研究对于木质素在大宗产品中的应用具有重要的指导和实践意义。

四、展　望

未来生物基高分子材料将以原料特色化、过程绿色化、产品高端化为目标。原料的特色化是指利用生物质组分转化过程中要保留天然组分的结构特点，从而提高其与石油基产品的优势和竞争力；过程绿色化是指修饰或改性过程涉及的溶剂、修饰剂、催化剂等具有环境友好等特点，使用它们可以避免在林木主要组分材料化过程中产生其他环境污染的问题。产品的高端化是利用原料的特色制备具有优异独特性能的产品，从而实现其在高附加值领域的应用。此外，生物基材料未来发展方向之一与传统林木育种领域也密切相关。例如，通过基因调控林木中纤维素、木质素或半纤维素的结构单元比例、各组分含量以及官能团等，从而建立以应用为导向的林木基因改造技术，实现林木资源的高效高值化利用。

作者简介

张代晖，男，1986年生，中国林业科学研究院林产化学工业研究所研究员、硕士生导师、团委副书记。国家优秀青年科学基金获得者、国家林业和草原局青年拔尖人才。主要致力于林木组分高值化利用应用基础研究，在林木组分结构调控及功能化方面取得了系列成果，研究揭示了纤维素分子聚集态结构调控机制以及木质素分子原位结构重组机制，研究成果提升了林木组分在纤维素功能复合材料及新型木质素胶黏剂等产品中的应用价值，为我国林产化工行业绿色低碳发展提供了理论和技术支持。以第一作者或通讯作者（含共同作者）在主流期刊发表学术论文50余篇，4篇论文入选ESI高被引和热点论文；授权国家发明专利4件；2023年获得中国木材与木制品流通协会科学技术进步特等奖（第一完成人）。

"双碳"目标下木材工业企业绿色工厂的创建

徐金梅

（中国林业科学研究院木材工业研究所高级工程师）

一、"双碳"战略的政策背景

（一）我国"双碳"战略出台的国际政策背景

目前实施的"双碳"战略，是我国当前经济社会发展和国际气候谈判的结果。所谓国际气候谈判主要是发达国家和发展中国家的博弈，焦点问题是谁减排、减多少；从经济学的角度讲，其实是国家发展权的争夺，是经济增长新赛道的比拼；其实对于企业来说，也一样，谁掌握碳排放权，谁具有发展权。对于新时期企业如何创新发展，"双碳"战略相当于给企业铺了一条新的赛道。联合国气候变化谈判具有3个里程碑式的文件：一是1992年的《联合国气候变化框架公约》，确定了国家与国家之间应遵循"共同但有区别的责任"原则；二是1997年达成的具有法律约束力的减排文件——《京都议定书》，149个国家和地区参与，引入市场机制作为减少温室气体排放的新路径，催生出碳排放权交易市场；三是2015年达成的第二个具有法律约束力的减排文件——《巴黎气候变化协定》，覆盖近200个国家和地区的减排目标。

---

* 2023年4月，在北京举办的国家木竹产业技术创新战略联盟专家委员会会议上作的专家报告。

应对气候变化，不是哪一个国家的事，都需要国际社会通力合作，共同努力。据报道，已有 33 个国家承诺了碳中和目标。碳中和承诺可分为 3 个层次：最高层次是作为法律文件颁布实施，主要是德国、瑞典等欧洲国家颁布了相关法律；第二个层次是正在酝酿作为法律文件实施，但尚未颁布；第三个层次是政策宣示，中国、美国都进行了政策宣示。中国正式宣布碳中和目标是 2020 年 9 月 22 日，习近平总书记在第七十五届联合国大会一般性辩论上向世界宣布："中国将提高国家自主贡献力度，采取更加有力的政策和措施，二氧化碳排放力争于 2030 年前达到峰值，努力争取 2060 年前实现碳中和。"这既是中国地位的彰显，也是当前经济社会转型和产业发展的内在需求，并且习近平总书记一再强调："确保如期实现碳达峰碳中和，是我国实现可持续发展、高质量发展的内在要求，也是推动构建人类命运共同体的必然选择，实现'双碳'目标，不是别人让我们做，而是我们自己必须要做。"

（二）什么是碳达峰碳中和

在国际谈判中，发达国家强烈主导以碳排放总量来衡量中国是否达峰，中国力争按人均碳排放量来衡量。通过不断博弈，最后我国睿智地提出：在 2005 年的基础上，单位国内生产总值的二氧化碳排放下降 65% 以上，则实现达峰。并将其写进 2021 年 10 月发布的《2030 年前碳达峰行动方案》和《关于完整准确全面贯彻新发展理念做好碳达峰碳中和工作的意见》这两份"双碳"战略纲领性文件中。

关于碳中和目前有多种说法，丁仲礼院士在《碳中和将带来经济社会大转型》中是这么论述的："2019 年全球碳排放量为 401 亿吨二氧化碳，其中 86% 源自化石燃料利用，这些排放量最终被陆地碳汇吸收 31%，被海洋碳汇吸收 23%，剩余的 46% 滞留于大气中，碳中和就是要想办法把原本将会滞留在大气中的二氧化碳减下来或吸收掉。"还有一种普遍的定义：在一定时间内直接或间接产生的温室气体排放总量，通过植树造林、节能减排等形式，以抵消自身产生的二氧化碳排放量，实现温室气体"净零排放"。

（三）如何落实"双碳"目标

中国实施的是"1+N"政策体系，几乎所有的省（自治区、直辖市）均已出台了"双碳"的目标、规划或行动方案。多数省份选择了"三步走"，分别设定了2025年、2030年、2060年的阶段性目标，甚至有些省份已经明确提出碳中和阶段性目标，并通过项目、政策、现金奖励等各种途径鼓励有条件的地方、有条件的企业分阶段、分步骤率先实现碳中和。

木材加工企业可能比较关心的是碳市场政策走向。不管我们国家处于哪个发展阶段，国家大政方针要落实，最终都要落到经济发展层面上。2021年，我国先后发布了《碳排放权交易管理办法》，启动了全国碳排放权交易市场，这标志着碳排放权成为可交易可买卖的商品。2022年3月15日发布的《关于做好2022年企业温室气体排放报告管理相关重点工作的通知》，明确规定了纳入管控的行业、纳入气体、纳入标准。纳入重点行业是将碳排放大户——发电行业，纳入了全国碳市场，并要求发电企业在每年的3月31号前向有关部门上报自己企业上一年度的温室气体核算报告；同时，还提出，建材、造纸等七大行业将陆续被纳入全国碳市场，目前这七大行业的碳排放已经被纳入环境影响评价。纳入气体是以二氧化碳为主的温室气体，纳入标准是排放量为每年2.6万t或1万t标煤以上的企业。2022年3月30日，习近平等党和国家领导人在北京市大兴区黄村镇参加首都义务植树活动中指出，森林是水库、钱库、粮库，现在应该再加上一个"碳库"。这对木材工业行业是历史性的发展机遇。

（四）团体标准《林产工业企业碳中和实施指南》的重要性

木材工业行业要主动作为，企业也要主动作为。针对目前木材工业企业不知道该做什么、怎么做、如何体现企业的社会责任并得到国家和地方政府认可的问题，由本人主笔，中国林业科学研究院木材工业研究所作为牵头单位，联合中国林产工业协会、广西丰林木业集团股份有限公司、圣象集团有限公司、大自然家居（中国）有限公司、大亚人造板集团有限公司、北京闼闼同创工贸有限公司、德华兔宝宝装饰新材股份有限公司、浙江升华云峰新材股份有限公司、安英（上海）认证有限公司、江苏森茂竹木业有限公司、上海申西认证有限公司、优优新材料股份有限公司、小森新材料科技有限公司、浙江图森定制家居股份有限公司、中国林业科学研究院森林生态环境与自然保护研究所、国家林业和草原局产业发展规划院、东北林业大学、浙江农林大学、北京林业大学、浙江理工大学共 21 家单位起草了团体标准《林产工业企业碳中和实施指南》。制定本标准的目的是要让企业能掌握其内部碳排放核算方法，诊断节能降碳的可能性，了解碳中和的实施流程和抵消方式，从而引导企业自发性地往碳中和方向开展工作，这对整个企业来说是有效、便捷、经济的落实国家"双碳"战略的途径，对行业来说是践行"双碳"目标的顶层设计。本标准包含 4 个方面的主要内容：一是详细列出了企业内部碳排放总量的核算方法、数据获取方式、计算公式和步骤，木材工业企业根据标准中规定的方法可计算出企业某一核算边界范围内的碳排放总量，以摸清碳排放家底；二是列出了单位产量和产值的碳排放强度计算方法，这个指标的设置不仅是对国家"能源"双控向"碳排放"双控政策的实施，也让企业可以自己跟自己比，如这一年和上一年比碳排放是否降低，或让企业与企业比，看看哪家企业生产的产品更低碳；三是碳减排，有了碳排放总量和碳排放强度指标值，企业就可以根据自己的实际状况，寻找有效的减排途径，标准里给了一些参考方法，但是具体到每一个企业，减排方法跟企业自身的基础条件、投入成本、期望值都有关系；四是碳中和评价和声明，对于那些想体现社会责任的企业，想提前实施中和的企业，标准也给出了碳中和实施、评价及声明的方法和步骤，因为碳中和是终极目标，目前的主要任务是碳减排，因此在标准中引入了

"部分碳中和"的概念和评价指标，以推进企业开展碳减排工作。

二、绿色工厂与"双碳"目标的关系

（一）绿色工厂在绿色制造体系中处于核心地位

《中国制造2025》中明确提出绿色制造是"中国制造2025"的重要任务和五大工程之一，其途径是通过市场、技术、管理、法律、标准来实现经济最大化和能源资源环境绿色化。绿色制造体系由绿色产品、绿色工厂、绿色供应链、绿色园区组成，其中工厂是制造业的主体，是绿色制造的核心。标准是推进绿色制造体系建设的依据和保障，目前已形成比较健全的标准体系，如图1所示。

（二）林业行业标准《绿色工厂评价要求 人造板及其制品》的重要性

目前，绿色工厂相关标准已发布《绿色工厂评价通则》（GB/T 36132—2018）国家标准1项，林业行业标准74项，但是木材工业行业企业要参与绿色工厂评选仍无标可依。由笔者牵头起草的林业行业标准《绿色工厂评价要求 人造板及其制品》（计划号2022-LY-048）正在编制。绿色工厂是实现了"五化"的工厂：用地集约化、原料无害化、生产洁净化、废物资源化、能源低碳化。绿色工厂的评选方式目前是层层选拔，也就是市级、省级、国家级，每个省市政策可能不一样，主管部门是工业和信息化部。《绿色工厂评价要求 人造板及其制品》将对纤维板、刨花板、胶合板、细木工板、重组装饰材、单板层积材、集成材、饰面人造板、木质地板、木质墙板、木质门窗等各种类人造板及其制品企业的绿色工厂评价起到重要的规范和引导作用，标准评价指标由6项一级指标、29项二级指标、110项三级指标组成，与"双碳"工作密切相关的指标有废料、废水、余热回收利用，产品碳足迹核算，木质材料的回收利用，温室气体排放核算，单位产品主要污染物排放量，生产过程中绿色物料的使用，主要原材料消耗量和工业固体废物综合利用率，废水回用率，单位产品综合能耗，等等。

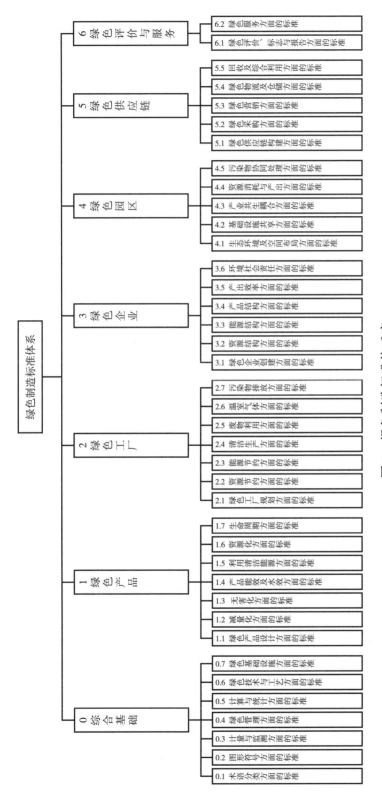

图 1 绿色制造标准体系表

（三）国家标准《温室气体排放核算与报告要求 第 22 部分：木材加工企业》的重要性

碳盘查要求对厂界范围内温室气体进行核算和报告，最好由第三方机构出具温室气体核查报告。碳排放核算方法依据相关的国家标准，建材、纺织等 13 个行业已发布其行业碳核算国家标准，还有冶金等 10 个行业的国家标准正在起草，但木材工业行业仍无标可依。笔者牵头正在制定国家标准《温室气体排放核算与报告要求 第 22 部分：木材加工企业》（计划号 20220799-T-432）。本标准规定了木材工业企业温室气体排放量的核算与报告相关的核算总则、计量与监测要求、核算步骤与核算方法、数据质量管理、报告内容和格式等内容。据调查，木材工业企业温室气体主要为二氧化碳（CO_2）和少量的甲烷（CH_4），其温室气体排放总量等于边界内所有生产系统的化石燃料燃烧所产生的二氧化碳排放量、企业消费的购入电力和热力产生的二氧化碳排放量和废水处理产生的甲烷排放量之和，扣除输出（如光伏）的电力、热力所产生的二氧化碳排放量，最终以二氧化碳当量来表示。同时，生物质燃料替代化石燃料是木材加工企业的优势，也是林草行业的优势，本标准中单独将生物质燃料燃烧排放不计入企业温室气体总量列为一条条文，来突出生物质燃料的作用，以推动木材工业行业加强生物质燃料尤其是生物质颗粒燃料的生产和使用。

三、木材工业企业如何创建绿色工厂

木材工业企业创建绿色工厂主要满足七大方面的要求：

（一）基本要求

基本要求的规定是企业运营的基本保障，合规经营的木材工业企业基本都能满足，但值得注意的是，"近三年无重大安全、环保、质量等事故，成立不足三年的企业，成立以来无重大安全、环保、质量等事故"为"一票否决"，木材工业企业需引起高度重视。

（二）基础设施

针对基础设施指标要求，木材工业工厂在建设时应充分考虑建筑占地面积、建筑系数、容积率、绿地面积、绿化率等指标，这些指标直接影响绩效评估中的工厂容积率、单位用地面积产值。由于木材加工需要大空间的厂房，车间宜采用大开间，充分利用自然光照，优化窗墙面积比、屋顶透明部分面积比，不同场所的照明应进行分级设计。采用人工照明时，应根据使用场所和周围环境对照明的要求及不同光源的特点选择合理的照明方式，在保证照明质量的前提下优先选用光效高、显色性好的 LED 光源及配光合理、安全高效的灯具，并选择合理的照明设备控制方式、加强照明设备运行管理。

（三）管理体系

管理体系指标是对企业管理方面的基本要求及企业社会责任的引导，木材工业企业应积极开展环境、质量、职业健康、能源四体系认证并按相关要求管理企业，积极发布社会责任报告，履行社会责任。

（四）能源与资源投入

木材工业生产企业在生产过程中消耗的能源主要包括电力、天然气、煤炭、柴油、汽油等。企业应制定能源消耗统计制度、产品消耗定额制度，为各个车间、主要耗能设备及用能单元安装电表、天然气表和水表，定期进行能源统计。电力消耗在能源消耗中占比较高，尤其是连续平压机、砂光机和切割机等大型设备耗电量较大，具有较大的节能潜力。其次采用节能灯、声控灯、光伏发电。

在资源方面，树皮以及生产线筛选的细料、粉尘废料、刨花边条等很难全部资源化利用，但据某人造板企业监测，这些废料作为生物质燃料，可将热效率提高至 0.95，燃烧后的木灰渣仅占燃烧前总重量的 4%。木质废料所能提供的热能与生产线所需的热能可以做到基本平衡，不仅大幅降低了企业生产成本和温室气体排放量，还降低了绩效评估指标中的单位产品能耗和碳排放量。同时，通过提高中水的利用量来减少新鲜水的使用量，也是降低单位产品能耗的有效方法。

对于采购管理，企业需要加强对各供应商的监督、审核，重点关注木材原料、甲醛、尿素等供应商的产品质量和环境行为。企业应积极履行生产者责任延伸制度，推进固体废弃物的综合利用，可依据国家标准《废旧人造板回收利用规范》（GB/T 40051—2021）的规定，积极推动废旧人造板变废为宝。

（五）产　品

木材工业生产企业，特别是刨花板、纤维板生产企业主要以"三剩物"和次、小、薪材为原材料，不仅"变废为宝"，而且大幅提高了木材的使用率，其原材料具有天然的生态产品优势。如果能更多地利用城市木质废弃物作为生产原料，在生产能耗、污染物排放及包装回收利用等方面考虑周全，木材工业企业的产品较容易满足生态设计指标的要求。

（六）环境排放

木材工业生产企业排放的大气污染物主要包括粉尘颗粒物、废气（二氧化硫、氮氧化物、甲醛）等。粉尘主要来源于筛选、铺装、齐边、锯切、砂光等工序，可采用吸尘罩、旋风分离器、布袋除尘器等设备进行多级处理，除尘系统收集的粉尘还可送往热能中心用作燃料；废气主要产生于干燥系统，可采用分离、捕捉、除尘等措施对尾气进行多级处理和回收利用，从而在降低废气污染排放的同时还能回收热能。

对于废水的排放，可将生产线各处设备排出的冷却水用管道集中收集并冷却处理，再送回各设备循环利用；公共用水设施可采用节水型洁具；有条件的企业还可将雨水收集后作为厂区绿化植物用水及厂区路面冲洗用水等。噪声方面，可选择低噪声设备并采取一定的隔声降噪措施，风机类设备的进出口管道设消声器，大型高噪声设备加装防振垫片，并加强生产管理和及时维护、加强规范操作、加强绿化等。

危险废物主要包含废胶渣、废甲苯、废矿物油等，应单独设立仓库保存危险废物，并交由专业危废处理机构进行处理。

（七）绩效指标

木材工业企业在计算绩效指标时，应统计产品年生产量，如主要污染物产生量需统计炉渣、废胶渣、废矿物油、废甲苯等年产生量；废气产生量可根据检测报告中颗粒物排放速率、二氧化硫排放速率、氮氧化物排放速率及年运行时间计算；单位产品综合能耗的计算可参考相关能耗标准；单位产品碳排放量可根据国家标准《温室气体排放核算与报告要求 第 22 部分：木材加工企业》计算。值得一提的是，生物质燃料释放的二氧化碳不包含在温室气体的计算范围内；生物质能源设计利用好的企业，其生物质能源可达能源消耗的 70% 甚至更高。生产 $1m^3$ 刨花板的碳排放量为 59.74kg 二氧化碳当量（CO_2e）。生产 1t 粗钢、1t P.1 型硅酸盐水泥、1t 卫生陶瓷产生的碳排放量，分别为生产 1t 刨花板的碳排放量 25、10.9、8.5 倍。

四、企业获得绿色工厂认证有何发展机遇

从 2015 年至今，国家出台了许多绿色工厂相关政策，绿色工厂也是落实"双碳"目标的重要途径，同时几乎各个省（自治区、直辖市）都配合国家政策出台了相应的鼓励政策。从政策层面，可以总结出企业获得绿色工厂认证后的直接好处和间接利好。直接好处是资金奖励、财税优惠、绿色金融通道，并且不限电、不纳入错峰生产；间接利好是树立企业的品牌效应，提高企业的社会地位。目前，国家级绿色工厂已经发布了 6 批，共 2333 家企业，我们耳熟能详的蒙牛、伊利、维达这些品牌都成功入选了绿色工厂，可见这些品牌企业对绿色工厂认证都非常重视；换句话说，如果企业入围了绿色工厂，也意味着已经是品牌企业。目前，木材工业行业入选国家级绿色工厂的企业有广西丰林木业集团有限公司、索菲亚家居（成都）有

限公司、德华兔宝宝装饰新材股份有限公司、浙江世友木业有限公司、久盛地板有限公司、福人木业（福州）有限公司、金隅天坛家具有限责任公司、曲美家居集团股份有限公司等 20 余家。

作者简介

徐金梅，女，1983 年生，中国林业科学研究院木材工业研究所高级工程师。兼任北京林业大学和华南农业大学硕士生校外导师、国家林业和草原局林草应对气候变化标准化技术委员会委员兼副秘书长、中国竹产业协会常务理事兼标准化技术委员会秘书长、中国林学会生物质材料科学分会常务委员兼副秘书长等职。主持"双碳"领域国家自然科学基金项目 2 项、标准项目 4 项、国家重点研发计划子课题 2 项、中国林业科学研究院基金项目子课题 1 项。发表论文 40 余篇；参编专著 5 部；主持和参与制订、修订标准 16 项。

极端气候变化背景下森林草原火灾分析

王明玉

（中国林业科学研究院森林生态环境与自然保护研究所副研究员）

气候变化是国际社会普遍关心的重大全球性问题，其既是环境问题，也是发展问题。近几十年来的气候异常已经对森林火灾造成深刻的影响，而能够在自然变化的背景下，识别和分析出气候变化对森林火灾影响的趋势和异常范围正是研究二者相关性的核心问题。气候变化对森林火灾的影响不是单向的，而是一个具有反馈作用的复杂过程。森林火灾释放的温室气体是大气中温室气体的重要来源，定量化估算森林火灾释放的温室气体量并且衡量森林火灾在气候变化中所处的地位，是当前研究的热点。如何将这种复杂的机制与植被、经济发展、人类活动等关键因素结合起来，全面研究森林火灾与气候变化的交互过程将是我们未来长期的任务。

受气候变化影响，包括中国在内，全球大部分国家和地区将进入森林火灾多发期，并且随着时间的推移，气候变化对可燃物积累和类型变化的长期影响，与气候变化对火险和火行为的短期影响相互叠加，森林火灾发生的严重性将进一步加强。当前的研究表明，森林火灾对全球碳释放的贡献远远大于以前人们的估计，森林火灾的碳释放量大约等于化石燃料碳释放量的1/2。森林火灾释放于大气中的细小碳粒和烟尘也加重了气候变暖的趋势。如果我们想维持一个低碳的世纪，实现碳释放目

---

* 2023年2月，在广东广州举办的极端气候条件下森林草原火灾防控技术理论研讨会上作的特邀报告。

标，就必须适应气候变化对森林火灾的影响，加强林火管理，减少森林火灾碳释放量，延缓气候变暖的进程，实行低碳的林火管理策略。

高纬度地区升温是最剧烈的。气候变化在不同海拔对森林火灾的影响有很大的不同，气温升高对高海拔地区的影响比低海拔地区更大，对高海拔地区的森林火险影响也更大。温度的微小上升就会导致干旱程度上升和火灾次数的迅速增加。季节性降水量和湿度的降低对雷击火的多发起到决定性的作用。尤其降水减少的月份与雷击月份一致时，增多的雷击火源和季节性水分的不均衡性在湿润的天气状况下也会引发频繁的火灾。加拿大魁北克西南部硬木林与北方针叶林交界处2500km²区域内有一段无火灾发生的时期，他们认为这段时期可能与火抑制政策的实施和气候向湿润状况转变有关。

森林草原火灾的发生有很深的自然因素和社会因素。随着全球气候变暖，世界范围内森林草原火灾发生量呈上升趋势。随着气候干旱、全球变暖、毁林开荒以及厄尔尼诺现象加剧，森林草原火灾处于高度活跃期，遍及五大洲每一个有森林的角落，预防和扑救森林草原火灾受到各国的普遍关注和重视。各国都大力加强森林草原火灾防控工作。

一、近期全世界森林草原火灾呈多发态势

全球气候变暖导致某些极端气候事件发生的频率增加。20世纪60年代以来，北半球中陆地高纬度地区的极端冷事件（如降温、霜冻）逐渐减少，而极端暖事件（如高温、热浪）的发生频率明显上升。从全球来看，发生在2022年重庆的极端高温干旱事件并不是个例。欧盟哥白尼气候变化服务中心最新月度公报中的分析证实，2023年7月的全球地表空气温度是ERA5数据集中有记录以来（可以追溯到1940年）的最高温度，比《巴黎协定》规定的1850—1900年的平均气温高1.5℃左右。全球

海洋表面温度连续4个月创历史新高，2023年7月创下了美国国家海洋和大气管理局（NOAA）的174年记录中任何一个月的最高月海面温度异常（+0.99℃）记录。南美洲2023年7月气温破纪录，有史以来最高的月气温异常为2.19℃。

森林草原火灾是受社会因素影响较大的严重自然灾害。近年来，虽然各国防火工作不断加强，随着全球气候变化、林内人为活动加剧、毁林开荒事件频发，美国、欧洲各国、俄罗斯、印度尼西亚、巴西和澳大利亚等国家都发生了大型森林火灾。尤其是2018—2022年上半年，全球森林大火频繁发生，美国加利福尼亚等州发生森林火灾，过火面积达450万hm^2。2019年，巴西雨林大火过火面积达90万hm^2，引起全世界的关注。2019—2020年，澳大利亚遭遇了史上最大的丛林大火，过火面积超过1000万hm^2，造成巨大的经济、生态损失，对全球气候、生物多样性和环境都产生了深远影响。火灾发生蔓延机理和预防扑救极为复杂。我国周边哈萨克斯坦、巴基斯坦、缅甸、蒙古、俄罗斯、朝鲜等国家和地区2023年都发生过严重森林草原火灾，随着气候变化、极端旱涝、植树造林面积扩大等因素影响，预测未来若干年世界森林草原火灾处于高发态势。

近年来，加拿大极端天气频繁出现，尤其2023年春季加拿大大部分地区都尤为温暖干燥。在加拿大东部，春季的降水比平时少了50%左右。在加拿大西部，5月是有记录以来最温暖和干燥的月份。持续的极端高温和干旱天气，会导致草木易于燃烧，为山火发生提供了适宜燃烧的干燥环境。受全球气候变暖的影响，雷电活动愈发频繁，且雷击火多发生在偏远地区，一旦起火扑救起来十分困难。这也是造成加拿大火灾多发并且"失控"的重要原因。我国学者通过排放因子法估算，2023年加拿大林火已排放的甲烷和氧化亚氮的温室效应相当于1.1亿t的二氧化碳，加上直接排放的10亿t二氧化碳，目前加拿大林火的二氧化碳排放当量约为11.1亿t，已超过日本2021年全年能源相关的二氧化碳排放量。此外，加拿大林火约有1/8发生在冻土区，促进了储存在冻土中的甲烷释放。除了排放温室气体影响气候外，加拿大林火通过释放 PM2.5、PM10、有机气溶胶等空气污染物，造成环境污染，损害人体健康。

二、我国森林草原火灾形势严峻

气候变暖后，中国的极端降水事件也趋多、趋强，这主要发生在长江及江淮流域；而同时，中国北方干旱事件发生频率提高，特别值得重视的是，华北地区近20多年来干旱不断加剧。2023年发生的"一边是台风大雨，一边是高温干旱"的现象，就是极端气候事件趋多、趋强的一个特例。一方面台风大雨，给福建、广东、浙江沿海一带人民的生命财产带来巨大危害；而另一方面，四川、重庆地区则长达两个多月干旱无雨，热浪滚滚。川渝地区的持续高温干旱，使这些地区的森林火险气象等级一直居高不下，中央气象台和国家林业和草原局已连续多日发布高森林火险天气警报。2022年1—8月，重庆市已经发生森林火灾97起，过火面积9100多亩。昆明、黑龙江、内蒙古发生的三起特大雷击森林火灾的主要诱因也是气候异常干旱、气温持续偏高和风力异常偏大。

我国的地理位置、地形地势、气象气候、森林资源分布以及人口居住密度等情况，使中国的森林火灾具有以下特点：高温少雨天气持续影响西南、南方林区，导致这些区域森林草原火灾形势非常严峻；东北重点林区雷击火明显增多；重庆、四川、湖南、贵州、浙江等地发生多起森林火灾；受流域性大范围干旱持续影响，南方干旱严重区域和西北地区持续超过一个月的干旱状况一直没有解除，预测秋冬还将持续气温偏高、降水偏少，森林草原火险形势异常严峻；华北、东北、西北地区逐步进入秋季防火紧要期，火灾发生风险大；华北和东北地区进入秋季后，受气温偏高和降水偏少影响，干旱范围也在变大，森林草原火灾发生风险较高。

三、我国森林草原防火趋势分析

(一) 西北及华北地区人工林面积大、草原分布多，容易酿成火灾

西北、华北森林分布广，人工林、次生林、幼林较多；森林多分布在偏远山区，人少，交通不便；草原面积大、分布广，森林与草原交错，林区地形复杂。该区域发生火灾不易扑救，容易酿成大灾。

(二) 西南、南方地区复杂的森林可燃物增加火灾危险性

西南、南方地区集体林、人工林、飞播造林、郁闭成林、新造幼林地和灌丛林与杂草丛生，城市森林增加，自然保护地扩大，植被连年生长，遇干旱少雨天气，火灾危险性不断增大。

(三) 东北森林草原火灾的危险性会长期存在

火是森林生态系统的重要因子，严重的火灾造成逆行退化演替。近年来，东北大部分林区牧区持续干旱少雨，火灾预防扑救难度加大。大面积森林草原极易燃烧，火灾形势严峻。

(四) 森林草原火灾需重视区域性联防

大火都是由小火酿成的，难以估测哪一场小火会演变成大火，初发火的应对是防灭火工作的关键。华北地区要做好区域性联防工作，尤其与北京的交界——京津冀区域，需加强联防联动机制，做到科学防灭、安全第一。坚持预防为主、防扑并重，主动预防、积极扑救的方针，打早、打小、打了。

在全球森林草原火灾多发的大背景下，需要加大森林草原火险区综合治理，林草牧区网格化管理，以及雷击火、边境火、人为火和输配电线路等火灾隐患排查力度，提升统一指挥能力、防火管理能力和信息支撑能力。全球气候变化的影响是深远的，其对重大森林火灾发生的影响是关系到21世纪我国森林防火工作乃至林业可

持续发展的重要课题。为了适应气候变化对森林火灾影响，减缓森林火灾对气候变化的加速，减少森林火灾的碳释放，需要实行"低碳的林火管理策略"，综合可燃物管理、火源管理、火后更新等适应和减缓技术，开展大量基础性研究，建立低碳林火管理综合示范区。

作者简介

王明玉，男，1976年生，中国林业科学研究院森林生态环境与自然保护研究所副研究员。兼任北京减灾协会理事、森林草原火灾防控技术国家创新联盟副理事长、雷击火和边境火防控技术专家专业委员会委员、中国林学会森林和草原防火专业委员会委员、中国消防协会森林消防专业委员会委员等职。长期从事森林和草原火灾研究，研究领域涉及森林火灾监测与预警、雷击火预警和防控、森林火灾与全球变化等。获中国林业青年科技奖、"全国森林草原防火工作先进个人"称号；以第一完成人获北京市科学技术进步奖二等奖和梁希林业科学技术奖二等奖各1项；发表论文100余篇；制定相关标准8项；授权国家和国际专利30余项；出版专著、编著教材7部。主持国家重点研发计划课题、国家林业和草原局森林雷击火防控应急"揭榜挂帅"课题、科技支撑和重点研发项目专题、国家自然基金项目等30余项。

第三篇

调研报告

蒜头果好
——我国蒜头果产业发展状况调查研究报告

杨继平

（中国老科学技术工作者协会林业分会会长）

为认真贯彻落实习近平总书记"绿水青山就是金山银山"的战略思想和乡村振兴、健康中国的战略部署，寻求既具有在南方岩溶地区石漠化山区进行生态修复的优良生态功能，又具有促进农民增收和农村经济发展的广阔前景，还具有保健医用特殊潜力的多效益高价值树种，中国老科学技术工作者协会林业分会组成以杨继平会长为组长、王忠仁副会长兼秘书长为副组长的调研组，在前期初步调研和收集研究大量蒜头果相关资料的基础上，于 2023 年 4 月 6—13 日，对我国特有树种——蒜头果产业发展状况进行了集中调查研究。调研组赴云南省和广西壮族自治区的 2 市 1 州 3 县 4 乡（镇）4 村及 1 个国家级自然保护区，实地考察石灰岩区域的裸露山地和 4 个土山蒜头果野生种群分布区、2 个原生地野外回归人工种植基地、2 个人工种植试验基地、2 个种质资源收集圃、3 个实生苗人工繁育苗圃；并赴中国科学院昆明植物研究所、西南林业大学、云南省林业和草原科学院广南油茶（蒜头果）研究所、广西壮族自治区林业和草原科学院以及广西中医药研究院调查研究，召开 3 个研讨

---

* 2023 年 4 月，中国老科学技术工作者协会林业分会组织开展的专题调研报告。

会；14位专家和省、州、县林业部门负责人介绍蒜头果科研成果及规划建议，深入考察和研究蒜头果保护和产业发展状况。现将调查研究情况报告如下。

一、蒜头果的生物学特性及资源状况

蒜头果，又称山桐果、马兰木、马兰果等，是铁青树科马兰木属的单种属植物，其果实形态和大小皆似独蒜头。蒜头果是树高可达25m，胸径可达50cm以上的高大常绿乔木，是我国石灰岩山区特有珍稀濒危植物。由于野生种群稀少，它被列为国家二级保护野生植物。它是我国西南岩溶地区石漠化治理的优选乡土树种，是神经酸含量最高的特有木本油料树种，是极具药用医用开发前景的高价值树种，集生态、经济、社会效益于一身。

（一）现存野生种群分布区域狭窄

据对云南省、广西壮族自治区蒜头果野生种群资源调查，其主要分布于北纬22°30′—24°48′、东经105°30′—107°30′的云南省东南部和广西壮族自治区西部狭长地带的石灰岩石山或土山区域。其在云南省主要分布于富宁、文山、广南3个县，分布海拔300～1640m；其在广西壮族自治区主要分布于龙州、大新、德保、靖西、那坡、隆安、平果、右江、田东、田阳、马山、巴马、凤山、东兰、凌云、乐业、田林、西林、隆林等19个县（区），分布海拔300～1000m。其他省（自治区、直辖市）未作调查。

（二）适生环境条件特殊

1. 土　壤

蒜头果为肉质浅根性树种，侧根发达，水平根分布在土壤表层10～25cm范围，喜石灰岩湿润肥沃土壤，土壤pH值为4.5～7.2，喜钙，喜微酸至中性土壤。

2. 气 候

蒜头果喜温暖湿润气候，生长环境年平均气温16～21.1℃，最适合范围为18～22℃；可生长的极端低温为-5.8℃，极端高温为42℃，月均温度大于7.5℃；可生长的年平均降雨量1056～1719mm，最适合范围为1106～1585mm。

3. 光 照

蒜头果生长于半阳坡、半阴坡。幼苗喜阴，强光环境下生长不良甚至难以成活更新，随树龄增大而逐渐喜光。在天然混交林中，幼苗有伴生树种遮光，成年则喜光，逐渐成为林分主林层。广西壮族自治区林业科学研究院观察到，蒜头果在杉木林中生长，前期生长良好，后期竞争不过杉木，生长不良。

4. 半寄生特性

蒜头果为根部半寄生植物，自身可进行光合作用合成碳水化合物供自身生长，不完全依赖寄主植物。但随着生长时间延长，其根部对土壤中水分和养分吸收能力有限，会导致在没有寄主植物情况下，逐渐出现营养缺失。西南林业大学研究发现，在试验的3种共栽植物中，油茶是其优良寄主植物，蒜头果根部吸器可形成吸管侵入油茶根部的维管组织，使蒜头果株高净增量、叶片净增量、分支净增量、自吸器数量、全株干重、寄主利用率等指标高于其他寄主植物。蒜头果与木豆共栽，效果更好。

5. 生长规律

蒜头果萌蘖能力强，10年生以下苗萌蘖能力旺盛，一般可萌发2～5株。第一年萌蘖达1m，6～8年可开花结果。一般3月上旬萌芽并展新叶，3月开始为开花期，4月下旬出现小果，果实经历约5个月生长发育，9月下旬至10月初果实成熟自落。百年大树仍可结实。有记录显示，1株树能结实超过120kg。

6. 病 害

研究表明，蒜头果的主要病害有叶斑病、茎腐病、根腐病、膏药病。人工种植区多发生叶斑病、根茎腐病，野生分布区主要有膏药病。病害控制关键技术是做好种子和土壤消毒处理。新的研究成果显示，通过在幼苗上接种有益真菌可以提高植株自身免疫力，替代化学防治。

（三）蒜头果处于濒危状态

科研院校对蒜头果进行资源清查和种群特性的研究发现，蒜头果野生种群是衰退型种群，反映出它仍处于濒危状态。2023年5月19日发布的《中国生物多样性红色名录——高等植物卷（2020年）》将蒜头果的濒危等级定为易危（VU）。为什么蒜头果处于濒危状态呢？

首先，蒜头果自然更新能力较差。在现有蒜头果野生种群分布区，其幼苗幼树少，多以大树、老树为主。一是幼苗幼树生长期内喜阴，中上层需要一定林木枝叶遮阴，没有遮阴层，幼苗幼树难以生长。二是成树生长期喜阳，如其竞争不过共生（伴生，如杉木）树种，很容易衰退。三是种子鲜果大而重，既难以传播，也难进入土层自然萌发，限制了其种群数量的增加。四是开花多但结实率低，造成产种子少。五是果实成熟落地（10月上中旬）后，正值分布区开始进入旱季，降水较少，难以满足种子发芽所需水分。六是芽苗容易产生根腐病。

其次，人为破坏严重。野生资源保护依然是薄弱环节。蒜头果树干通直高大，材质优良，易遭砍伐。随着研发利用的进展，其价值逐渐被揭示出来，鲜果收购价不断飙升。2012—2017年，其收购价翻了10倍。2017年，鲜果达到每个1.5～2元。按每个30g的平均重量计算，其每千克价格为50～66元。这是蒜头果野生种子损失的重要原因。

再者，人工培育基础薄弱。蒜头果良种选育、种苗繁育、丰产栽培，特别是种苗无性繁殖、良种基地标准化生产等产业链前端基础工作尚处于起步阶段，人工培育资源产量低、规模小，不能满足开发利用的需要；加之人工种植后一般6～8年开始挂果，10 年左右进入盛果期，因周期长和前期投入大，果农往往不愿投入生产。产业链前端和后端是相辅相成、相互制约的，当前企业生产主要靠野生资源种子，这是蒜头果野生资源处于濒危的又一个原因，也正说明了加强保护和人工培育的急迫性。

二、蒜头果的宝贵价值

蒜头果是多效益、高价值树种，加强蒜头果保护和开发利用具有多重意义。

（一）蒜头果是我国西南岩溶地区石漠化治理的优选乡土树种

石漠化，是热带、亚热带湿润半湿润气候条件和岩溶极其发育的自然背景下，受人为活动干扰，地表植被遭受破坏，造成土壤侵蚀严重，基岩大面积裸露，土地退化的表现形式，严重制约着石漠化地区乡村振兴和经济社会的发展。习近平总书记 2012 年 7 月 7 日批示："石漠化是生态建设方面的严重问题，石漠化地区扶贫任务也很重。积极采取科学有效的措施，不断加大防治力度"。为持续推进石漠化治理提供了行动指南。

据 2011 年第二次石漠化监测，我国岩溶地区石漠化土地面积有 12 万 km^2，截至 2021 年第四次石漠化监测，仍有 7.22 万 km^2。石漠化土地主要分布在湖北省、湖南省、广东省、广西壮族自治区、重庆市、四川省、贵州省、云南省、河南省 9 省（自治区、直辖市）507 县，其中云南省 2.13 万 km^2（合 213 万 hm^2、3195 万亩），广西壮族自治区 1.05 万 km^2（合 105 万 hm^2、1575 万亩）。石漠化治理重点县尚有 88 个，治理任务仍很艰巨。

加强林草植被保护和修复是石漠化治理的核心，是区域生态安全的根基，而树种的优选又是恢复植被的关键，事关长远。选择具有强大生态功能，适合石漠化山区生长，具有较高经济和社会价值，能促进石漠化山区乡村振兴、生态与经济社会可持续发展的多效益高价值树种，是关键的关键。蒜头果是石灰岩地区特有乡土树种，适合在石漠化山区生长，经济效益好，特别是医用药用价值高，因此，它是我国南部地区石漠化治理的优选树种。

（二）蒜头果在构建大健康产业中潜力巨大

蒜头果种仁中有"三宝"。一是种仁油富含特殊脂肪酸——神经酸。神经酸，又名鲨鱼酸。种仁含油率64.5%，油中神经酸含量为62.6%，蒜头果是我国含神经酸植物之冠。每千克油可实际提取出250～300g神经酸。国内外科研成果证明，神经酸是修复神经纤维和促进神经细胞再生的双效物质，是脑白质和细胞膜的组成部分，可穿透人体皮肤角质层、通透血脑屏障，是治疗神经系统疾病的特殊医用原料，是大脑的"高级营养"。人体自身很难合成神经酸，主要靠补充。高纯度神经酸每千克18万美元。二是种仁油可合成麝香酮。麝香酮是麝香中最重要的具有生理活性的组织，是麝香香味的主要来源，是重要药用原料。如片仔癀主要成分含麝香。麝香市场价格为每千克60万元，每公斤油可得22g麝香。种仁油还可合成环十五内酯，也是一种有麝香香气的大环麝香类化合物。高纯度（100%）大环十五内酯每千克价格为1.37万元，每千克油可得91g大环十五内酯（64%纯度）。三是种仁含有一种新蛋白质。这种蛋白质经体外细胞试验研究显示，它能强烈抑制肝癌细胞HePG-2和BeI-4702肝癌细胞生长，对人白血病HL-60和K562细胞生长有明显抑制作用，对人宫颈癌HeIa细胞系、乳腺癌HCF-7细胞系、肺癌SPC-AI细胞系有强烈抑制作用。这种毒蛋白在温度达到90℃时完全分解，丧失活性。

蒜头果果皮、枝叶中能提取挥发油。主要成分为苯甲醛、苯甲醇，其中苯甲醛占80%，是高级定香剂，市场价格每千克900元。

蒜头果根部提取的丙酮粗提取物，对革兰氏阳性菌和阴性菌、溶血性葡萄球菌及无乳链球菌等病菌均有明显抑制作用，抗菌效果好，具备开发植物天然新型抗生素的潜力。

蒜头果种仁油是优质木本食用油，其化学成分见表1。一是种仁粗脂肪含量为61.05%，蛋白质含量为21.02%。种仁油中不饱和脂肪酸含量高达96.05%。二是种仁油含有17种氨基酸，每克中人体必需氨基酸含量为32.96mg，占氨基酸总量的37.17%，其中谷氨酸、精氨酸含量较高。谷氨酸作为中枢神经系统中重要的兴奋性神经递质，具有改善脑细胞营养及记忆力减退等功能。精氨酸是维持婴幼儿生长发育必不可少的氨基酸。三是种仁油含有20种矿物质元素，在常量元素中钾含量最高。钾是一种电解质，可以调节细胞内外电位平衡，钠含量最低，是高钾低钠食用油；在微量元素中铝、铁、锰含量较高，铁和锰有着重要生理功能和临床意义，如铁，在人体造血功能中具有重要作用。可见，蒜头果种仁油是健康油。

（三）蒜头果在推进乡村经济发展中前景广阔

1. 鲜果销售收入

西南林业大学研究，蒜头果人工种植6～8年进入挂果期，以后逐渐进入盛果

表1 蒜头果种仁油化学成分（西南林业大学）

种 类	名 称	含 量
17种脂肪酸 （不饱和脂肪酸占96.05%，饱和脂肪酸占2.13%，其他占1.82%）	油酸 C18：1	29.74%
	亚油酸 C18：2	1.54%
	亚麻酸 C18：3	0.55%
	EPA C20：5	1.77%
	芥酸 C22：1	14.14%
	DHA C22：6	0.76%
	神经酸 C24：1	45.04%
17种氨基酸	必需氨基酸	32.96mg/g
	蛋白质	21.02%
20种矿质元素	11种常量元素	钾含量最高，纳含量最低
	9种微量元素	铝、铁、锰含量高

期，生产周期暂按 80 年测算，在科学经营管理前提下，每亩产 56 株，每株年产鲜果 25kg，每亩年产鲜果 1400kg，鲜果每公斤售价 40 元（当前为 50～60 元），种植 10 年，每年每亩的直接收入为 5.6 万元。随树龄增大，产果量逐年增加。即使未达到高产，每株仅产果 5kg，每亩年收入也在万元以上。

2. 毛油销售收入

按照每亩每年产鲜果 1400kg，可得干种仁 336kg。去种皮（30%）后，出油率如按 33% 计算，可产油约 77.62kg。毛油价按每千克 6000～8000 元，售油收入每亩每年达 46.57 万～62.1 万元。

以上只计算了鲜果和毛油两项初级产品每亩每年可得的收入，蒜头果叶子、花、枝条，尚未进行活性成分和功效分析鉴定，当前还没有形成初级产品。如果计算高端产品神经酸，按目前提取分离生产工艺，每千克油可实际提取 250～300g，则 77.62kg 油可提取神经酸 19.4～23.29kg，即使按国内每千克 8 万元，每亩每年产神经酸价值也接近 180 万元左右。

(四) 蒜头果是珍贵用材树种

我国木材需求量大，2021 年国内木材总消费 5.67 亿 m^3，进口 2.92 亿 m^3，自供占 48.41%，进口占 51.59%。维护木材安全是一项战略任务。蒜头果树体高大，树干笔直，其木材与楠木类似，密度大，耐腐蚀，纹理清晰，具有光泽，目前市场价格每立方米 4000 元，可培育珍贵大径级用材。大力培育和发展蒜头果，是国家储备林建设工程的项目之一。

(五) 蒜头果是国家重点保护植物

蒜头果是我国特有树种，1987 年国家环境保护局批准其为国家二级保护植物；1999 年国务院公布的《国家重点保护野生植物名录（第一批）》，将其列为国家二级重点保护野生植物。2010 年，因其分布区狭窄，种子大而不易传播，幼苗成活率低，种群退化，其曾被国家列为云南省极小种群之一。由于蒜头果处于衰退的濒危状态，因此，加强蒜头果保护和人工培育，是防止这一珍稀物种灭绝、维护我国生物多样性的重要工作内容。

（六）蒜头果具有重要科学价值

种子植物分为裸子植物和被子植物。植物种子中的子叶是植物的重要器官，也是植物进化的重要标志之一。裸子植物为多子叶植物，被子植物分为单子叶植物和双子叶植物，蒜头果是双子叶被子植物。西南林业大学王娟团队研究发现，蒜头果种胚子叶数量为2~5枚，且以3枚和4枚居多，并随分布海拔升高种胚子叶数量呈增长趋势。蒜头果是首次在被子植物中发现的唯一具有多子叶的植物。蒜头果种胚中多子叶及多样性现象，推测可能是蒜头果所处被子植物系统演化初期较原始地位及其古老特性所致，而不是自然变异或基因突变产生。这一重要发现，对蒜头果在被子植物系统中地位及其演化关系的确立，特别是对被子植物系统的起源和演化规律，具有重要的科学意义和深入的研究价值。

三、蒜头果保护和产业发展进展情况

蒜头果是一个古老树种，其果实富含油脂，种植产区当地群众长期炒熟种仁或热榨油食用。对蒜头果的科研和开发利用，近20年才开始。它就像一个"新生儿"，一切都是新的、初始的。

（一）野生资源调查与保护情况

蒜头果野生资源调查发现，云南省文山州广南县有3.8125万株，富宁县有2.5083万株，共6.32万株。广西壮族自治区以百色地区为主共1.7万株，其中雅长兰科国家级自然保护区1.5万株。两地合计约8万余株。其他区域未作野生资源调查。

云南省有关乡（镇）建立了保护小区，在保护小区内对果实大、丰产性好、病害少的优良野生植株实施挂牌建档。科研机构建立了野生资源数据库。云南省富宁县对本地野生蒜头果单株产量监测显示，少数单株结实量稳定在每年100kg以上。广南县董堡乡发现一株野生蒜头果年结实量达212kg。广西壮族自治区雅长兰科国家级自然保护区有一株胸径48cm，树高30m，每年产鲜果300kg；隆安县龙虎山自然保护区有一株胸径110cm，高超过30m。

（二）人工种植和良种选育情况

云南省林业和草原科学院、西南林业大学、广西壮族自治区林业和草原科学院建立了蒜头果野生回归种植基地和人工种植示范基地。云南省文山壮族苗族自治州建立蒜头果人工种植基地3.51万亩，其中广南县2.74万亩，富宁县0.77万亩。云南贝木生物科技有限责任公司采取政府＋科研单位＋龙头企业＋专业合作＋个体专业户＋农民建设模式，组建了蒜头果产业联合总社，现已建成2.4万亩新植基地（包含在广南县总数内）。广南县聚龙种养殖农民专业合作社在莲城镇五福山建立了蒜头果人工种植基地3400亩。云南省富宁县立祥林下生态种养殖合作社完成蒜头果种植4000亩，种植示范基地300亩。板仓乡木都村建敏蒜头果保护与发展专业合作社完成人工种植300亩，均采用种子育苗后种植，成活率可达85%。

云南省林业和草原科学院广南油茶所建立了蒜头果种质资源收集圃，从2000多优株中筛选出优良植株21株，为培育新品种、优良品种奠定了基础。广西壮族自治区林业和草原科学院收集蒜头果种质资源18份，建立了种质资源收集圃和种苗繁育圃，进行了无性系采穗圃营建技术和原生地直播技术研究。

（三）保健医用药用科研情况

西南林业大学等单位完成的科研项目有：蒜头果种仁的营养成分分析、蒜头果种仁油抗氧化活性成分研究、蒜头果油对小鼠的急性毒理试验研究。中国科学院昆明植物研究所完成科研项目有"蒜头果化学成分及功效"研究。日本食品分析检测中心 2014 年 4 月提出蒜头果油分析检测报告。

神经酸提取技术不断有新进展。在传统的尿素包合法、结晶法后，出现了较先进的分子蒸馏法和制备型反相高效液相色谱法。西南林业大学采用纯钙沉积法提取纯化神经酸，取代有机试剂，实现了环境友好型提取方法。这是神经酸提取技术的最新进展。

蒜头果青皮苯甲醛提取、油中合成麝香酮和大环十五内酯技术实现。在种仁油中发现一种对癌细胞生长有抑制作用的新蛋白质，为寻找新的抗癌药物提供了新途径和新资源。

云南大学戴晓畅等人于 2005 年曾完成用于人类癌症治疗的蒜头果蛋白质研究，证明蒜头果果仁中发现的新蛋白对人类肺、肝、肾等 6 种癌细胞具有强烈的抑制作用。

（四）资源保护和人工培育科研情况

首次明确了蒜头果种子生理和形态休眠特性，从理论上揭示了蒜头果种子 200 天催芽的萌发特性，为种子必须沙藏催芽提供了理论依据。在实践中已解决了种子储存和发芽问题。

初步完成蒜头果生长的互利共生菌选择。土壤中有大量微生物（真菌）能促进植物根的吸收能力，植物根能不能与土壤中微生物互利共生，是互相选择的。科研结果显示，蒜头果内生、根际优势菌属是木霉，木霉属真菌不仅能促进植物根系生长、种子萌发以及磷的吸收，还能溶解矿物质，修复土壤。特别是，木霉真菌是重要的生防菌，能抑制多种病害尤其是土传病害的侵染。木霉属真菌作为最优互利共生菌，接种到蒜头果幼苗，既能促进幼苗生长，还能提高免疫力，抑制病害。这种生物防治技术是预防病害的科学方法和正确方向。

开展了蒜头果伴生植物研究。蒜头果具有半寄生特性，且幼苗喜阴需要遮光，伴生植物（寄主）是它健康生长的重要条件。从已开展的共栽培植物对蒜头果幼苗共生效应研究结果看，油茶、木豆效果较好。从已开展伴生样地试验来长期观察蒜头果与松、杉、栎、八角等混交林的伴生效果，特别是成树之间的竞争关系。这一类试验需要时日，但很有意义。

云南省文山学院药学院开展了蒜头果组培快繁研究。用种子和枝条为原料，进行组培苗生产技术研究，但组培苗、扦插苗造林存活率低。蒜头果属肉质根，组培苗和扦插苗生根不行，而实生苗嫁接后造林成活率高。

科研院校开展了大量蒜头果保护和人工培育研究。例如，西南林业大学绿色发展研究院和本校多个学院共同完成的科研成果有：蒜头果种子结构其及子叶多样性研究、蒜头果种群结构及动态特征研究、蒜头果种子萌发特征及幼苗类型研究、蒜头果内生木霉的物种鉴定及其对幼苗促生作用研究、蒜头果可培育内生及根际真菌多样性研究、共栽植物对蒜头果幼苗的共生效应研究、云南广西蒜头果适生区预测及环境影响因子研究、不同基质配比对蒜头果容器苗的影响研究、蒜头果野生植株结实量及果实特征研究、云南省广南县蒜头果主要病害调查及几种农药防治效果评价研究等。

（五）市场准入审批情况

云南华年科技股份有限公司于2018年申报蒜头果种仁油为新食品资源，已通过毒理试验和风险评估，正待报国家卫生健康委员会评审中心论证，还处于申报过程中。神经酸已于2017年经国家卫生健康委员会批准为新食品原料。蒜头果的果壳、种皮、叶、花、枝条等均未进行活性成分分析，更没有申报。目前初级产品均不能进入市场。

（六）林业政策支持情况

蒜头果已被纳入《国家储备林树种目录》（2019年版A级）。

（七）主要科研机构和企业情况

蒜头果科研机构主要有：西南林业大学、北京林业大学、中国科学院昆明植物研究所、云南省林业和草原科学院广南油茶研究所、云南民族大学、云南大学、昆明医学院、中国林业科学研究院热带林业实验中心、广西壮族自治区林业科学研究院、广西中医药研究院、广西大学林学院。对神经酸开展研究的机构和科研人员很多。

蒜头果企业及产品主要有：浙江大学现代中药研究所与云南贝木生物科技有限责任公司联合研发"神经酸凝胶糖果"；云南天秀植物科技有限公司研发"神经酸三七片"；南京圣诺生物科技实业有限公司和杭州圣诺生物科技实业有限公司生产"和寿堂"牌纳富希胶囊（神经酸），并于1998年经国家卫生部批准；广南永丰科技开发有限公司、酷特利生物科技有限公司生产蒜头果毛油；云南医科万正生物有限公司开发出"神经酸片"和"神络达喷剂"。

四、推动蒜头果产业高质量发展的思路

蒜头果产业发展是一个新事物，正处于起始阶段，虽然这一产业前景广阔，很有意义，但万事开头难。在起始阶段认准方向，把握好重点，打好基础，事关长远。

（一）科学认识发展蒜头果产业这个新事物

在认识上要克服"窄、小、毒"3个误区。一个是"蒜头果分布区狭窄，难于大面积推广"。应该看到，现在所说的蒜头果分布区，是长期物种竞争、人为破坏、气候等生境条件变化的情况下，蒜头果野生种群尚存活的区域。并且，调查只局限于对云南、广西野生资源的调查。随着对蒜头果生物特性、人工繁育技术的科研突

破和资源保护力度的加大，蒜头果野生资源分布还会进一步扩大，人工培育的资源会大幅度增加，分布范围会大大扩展。油橄榄、橡胶我国本没有，不是也发展起来了吗？1962年塞罕坝是风沙地，只存一棵树，不是变成了塞上森林了吗？另一个是"蒜头果是极小种群，开发价值不大"。随着10多年来的保护和种群繁育的科研工作，取得了显著效益，蒜头果已于2022年12月从中国极小种群名录中移除，即目前已不是极小种群物种。蒜头果是我国特有的多效益高价值树种，是"植物熊猫"，不仅经济而且生态和社会，不仅现在而且将来，不仅技术而且科学的意义都很大。随着人工培育和保护工作力度的加大，目前人工种群数量虽小，但发展空间和意义却很大。再一个是"蒜头果有毒，食用不安全"。科研成果证明，蒜头果中的新蛋白质，是一种对癌细胞生长有显著抑制作用的优良且有医药价值的新蛋白质，具有成为抗癌新药原料的利用与开发前景，只是限于目前有限的研究，还未对它有更深入的认识。种仁加工时，将其提取出来，食用油是安全可靠的。

（二）高度重视现存野生种质资源的保护与扩大

现存蒜头果野生种群，是蒜头果重要的种质资源，也是将来蒜头果产业发展服务于社会的重要基础，但目前仍在遭受人为破坏，已处于衰退和濒危状态。当务之急，是高度重视，纳入工作日程，采取有效措施，实施抢救。一是对古树、母树、大树、优株树，要实行挂牌专人管护。二是对集中连片的野生种质资源，建立自然保护小区，就地保护。三是严禁对野生资源乱砍和滥采种子。四是云南省富宁县相对集中连片的野生种群分布区约3万亩，有蒜头果3万株，可着手研究论证，探索建立省级蒜头果自然保护区。五是探索允许在野生种群分布区，收集省内外野生优良、特异种质资源，先建立省级蒜头果种质资源圃，在此基础上，逐步建立蒜头果种质资源库，并依托种质资源圃（库）和野生种质资源开展种质创新。

(三）切实加大科研工作力度

要加强技术标准的研究制定工作。加强人工培育的科研和试验，形成一整套人工培育标准化技术体系，是一项重点工作。在标准出台前，应先制定一个技术指导性文件。

要加强良种选育。一是利用野生高产、抗逆性强的优良植株选育高产稳产、优质（结实率高、出仁率高、脂肪酸组成和神经酸含量高等）、抗逆（重点是抗病）的优良种质资源，建立长期稳定的良种选育科研基地。二是当前先制定《蒜头果新品种特异性、一致性和稳定性测试指南》，抓紧培育蒜头果新品种，继而培育出优良品种。三是鉴于云南省林业和草原科学院广南油茶研究所已筛选出优良植株21个，广西壮族自治区林业科学研究院已收集种质资源18份，可先审定省级良种。

要加强科研攻关。一是加强蒜头果伴生树种研究。通过共栽培控制试验，进一步研究寄主植物对蒜头果生长作用机制及寄主与宿主之间的物质能量交流机理，筛选出促进蒜头果生长及营养吸收的最优寄主（伴生）植物。选择最优寄主，不仅要研究寄主对蒜头果幼苗的促生作用，还要研究寄主与蒜头果成树、大树长期的伴生关系。要尽早布局，建立蒜头果与本地现有主要树种伴生的混交林观察试验样地，观察蒜头果与马尾松、枫类、油茶、栎类、八角等伴生竞争效果，为湿润、半湿润山区树种结构调整提供新的思路。广西壮族自治区森林面积2.23亿亩，其中杉类2892万亩，马尾松3500万亩，桉树4200万亩，合计1.05亿亩。如果蒜头果能与其共生并能成为优势树种，那么，蒜头果资源培育就可与林分结构调整、低产林改造任务结合起来，发展空间就更大了。二是加强提高蒜头果结实率研究与试验。据对野生蒜头果开花结果率初步调查，其花序中成果率仅为1.8%，为百花一果。要进一步揭示蒜头果结实难的原因和机理，为人工栽培保花保果提供理论依据；要加快结实率高的新品种、优良品种培育，加快研究提高结实率的嫁接、接种和水肥等管理技术，以良种良法保花保果。三是加强蒜头果病害防治技术研究。要建立蒜头果主要病原菌资源库，研究病原菌危害特征和作用机理；要进一步研究生物防治技术，研究木霉属真菌等菌属提高蒜头果免疫力和抑制病原菌的机理，为主要病害防治选准最优菌属，来替代化学防治技术。四是继续进行蒜头果内生菌及其促生作用研究。要建立蒜头果共生菌微生物种质资源库，筛选对蒜头果最优促生抗病的共生微生物，并将其接种到蒜头果幼树，进行提高造林成活率、保存率和抗病能力试验。五是继续开展蒜头果无性繁殖技术研究，重点解决组培苗生根难的问题。六是开展蒜头果气候相似地区扩大种植试验研究。刘孟军著《中国野生果树》[①]记载，蒜头果主要分布于云南、贵州、广西。《中国油脂植物手册》[②]记载，蒜头果主要分布于广东、福建、台湾。根据这些文献记载，蒜头果并不仅仅分布于云南东南部和广西西部狭窄地带。因此，南方气候条件相似的有关省份的林业科研院校，要进行蒜头果回归种植试验，为蒜头果扩大试种区域积累经验。这项工作很有意义，应早布局。

（四）加强基础理论研究

要进一步研究蒜头果种仁中神经酸等活性物质的生物合成机理。蒜头果在乔木和草本植物中神经酸含量最高，这是为什么？已有研究发现，蒜头果叶和枝条也能合成油脂，这是为什么？要揭示脂肪酸和神经酸生物合成的基因调控及形成机理，为优良种源筛选、优良品种培育、活性物质产业化利用提供科学依据。

要进一步研究蒜头果全株各组成部分活性成分及功效。目前，仅研究了蒜头果种仁油活性成分的分析及功效。果皮、种仁、叶、花、枝条、根等尚未进行研究。对蒜头果各组成部分的活性成分进行分析鉴定，是建立蒜头果物质库、发现新的药用原料、提出新的食用品申报项目的基础工作，应纳入日程，安排科研项目及早开

[①] 刘孟军：《中国野生果树》，中国农业出版社，1998。
[②] 中国科学院植物研究所：《中国油脂植物手册》，科学出版社，1973。

展研究。

要进一步研究蒜头果种仁多子叶形成机理。蒜头果种仁的多子叶现象，为首次发现，并且在双子叶被子植物中是唯一的。揭示其形成机理，是弄清蒜头果濒危机制的基础理论，是制定蒜头果育苗和栽培技术措施的科学依据，更是研究被子植物起源与演化的新命题，应深入探索。

（五）坚持科学经营

蒜头果产业是一个有发展前景的新事物，人工培育资源刚起步，关键是要建立科学的发展机制和发展模式，力求避免资源培育初级产品进不了市场，无出口，伤农民；企业生产加工无原料，有高价值产品但市场不认可，伤企业。

要建立全产业链机制。资源培育与生产加工销售要紧密合作，加强科研，建立数字化交易平台。实行政府＋科研机构＋龙头企业＋合作社＋农民的全产业链发展机制。要大力支持人工种植、科研开发、龙头企业。尤其要扶持龙头企业发挥主体作用，带动一个区域蒜头果产业发展。当前，要加强组织协调和信息交流，促进全产业链形成与发展。云南贝木生物科技有限责任公司，在文山壮族苗族自治州、广南县政府的支持下，与云南省林业和草原科学院、浙江大学、本立登院士工作站联合组建了蒜头果技术研发中心，有产品"神经酸凝胶糖果"，成立了蒜头果产业联合总社，人工种植蒜头果2.4万亩，带动2300户农民，规划种植基地扩大至50万亩，带动20万户农民参加，并建立神经酸交易中心。这是全产业链的一个典型。

资源培育要集约经营。蒜头果资源培育与扩大，要先试验，边试验边扩大，避免盲目扩大。要使品种选育、种苗繁育、水肥供给、嫁接接种、果实采收、产品生产加工销售等全生产环节，达到种苗良种化、技术标准化、管理集约化，高质量可持续发展。当前，要抓紧标准化良种选育、丰产栽培关键技术的研究与集成，推进各种试验示范基地建设。云南省、广西壮族自治区可在蒜头果主产区作出规划，先

建立省级种植基地示范点，逐渐发展到科技推广示范点，以科技示范点带动各合作社种植基地建设

（六）切实推进产品市场准入的申报工作

蒜头果产品只有进入市场，才能拉动全产业链良性运转，"出口"问题不解决，资源培育就没有效益，就会失去动力。产品分为新资源食品、保健食品、特殊医学用途配方食品（特医食品）以及药用原料，都需要申报，获国家批准后才能生产和进入市场。新资源食品（新食品原料、普通食品）的申报是公益性的，一家申报，获批准后各行各业、全社会受益。保健食品和特医食品是谁申报谁获得生产许可权。现在，新资源食品申报，是由一个企业和几个企业联合出资申报，不然就没法解决。这是一个"瓶颈"，制约着蒜头果产业发展。蒜头果全株各组成部分，仅种仁油于2018年申报了，尚未获得批准，而花、果皮、枝条等都未申报，其多种产品要进入市场差距甚大。

怎么解决呢？一是政府给予支持。蒜头果主产区的政府拨出经费，支持申报，以解决资源培育的"出口"问题。二是将产品申报项目纳入有关科研课题之中。新资源食品申报程序中，必须进行毒理试验和风险评估，用科研数据来证明食品的安全性，这本身就是科研内容。有关部门应注意研究这个问题，允许将产品申报纳入科研项目研究内容中。

五、具体建议

（一）加强组织协调

政府和有关部门要对蒜头果给予重视，摆上重要工作日程；推动成立林业和草原蒜头果产业国家创新联盟，加强合作与协作；支持举办蒜头果保护研究与产业发展经验交流会议、蒜头果特色经济林培训班、科研协作会议和学术成果研讨会议，

不断推动蒜头果产业发展。

（二）加强政策支持

将蒜头果纳入国家"十四五""十五五"发展规划；将其纳入特色经济林、木本油料林、石漠化治理造林树种；将这一创新产业纳入林业和草原揭榜挂帅项目。

（三）加大科研工作力度

争取将蒜头果研究纳入国家重点研发计划、国家自然科学基金区域创新项目；主产区省份将其纳入应用研究重点研发项目，支持蒜头果基础研究和应用研究；成立国家林业和草原局蒜头果工程技术研究中心；支持蒜头果新品种选育申报、蒜头果种质资源圃（库）建设、省级蒜头果种植基地示范点（科技推广示范点）建设、标准化技术体系制定、蒜头果各类数字化平台建设等工作。

（四）加强资源保护

研究在适当区域建立蒜头果野生种群自然保护区；支持建立蒜头果保护小区；开展湿润、半湿润地区蒜头果野生资源调查；加强蒜头果古树名木保护；严格保护蒜头果种质资源和繁殖材料不外流。

（五）支持产品市场准入申报

重点支持蒜头果新资源食品申报。将产品申报纳入有关科研课题，或支持蒜头果工程技术研究中心承担申报工作。

作者简介

杨继平，男，1947 年生，中国老科学技术工作者协会林业分会会长。

附件：我国蒜头果产业发展状况调研组成员名单

附 件

我国蒜头果产业发展状况调研组成员名单

组　　长： 杨继平　中国老科学技术工作者协会林业分会会长

副组长： 王忠仁　中国老科学技术工作者协会林业分会副会长兼秘书长

成　　员： 孙传玉　中国老科学技术工作者协会林业分会副会长

　　　　　　厉建祝　中国老科学技术工作者协会林业分会理事、主任编辑

　　　　　　关文斌　北京林业大学教授、博士生导师

　　　　　　　　　　国家林业和草原局文冠果工程技术研究中心技术委员会副主任

　　　　　　王　娟　西南林业大学教授、博士生导师

　　　　　　　　　　云南特色植物资源滇牡丹、蒜头果数字化平台建设课题负责人

协调组： 宋红竹　国家林业和草原局科学技术司二级巡视员

　　　　　　李　兴　国家林业和草原局科学技术司二级主任科员

湖北省林木种质资源保存区划研究

汪建亚[1]；杨春惠[2]

（1. 湖北省林业科技推广中心主任、正高级工程师；
2. 湖北省林业科技推广中心高级工程师）

林木种质资源是良种繁育、遗传改良和林木育种创新的基础，是林业的战略资源，在维持生态系统稳定性、保护生态环境、促进经济社会可持续发展以及应对国际竞争等方面都具有重要作用。因此，保存物种、积极开发和合理利用林木种质资源，对推动林业现代化建设、发挥林业的多功能多效益，都有着极其重要的意义。

野生珍稀树种是林木种质资源的重要组成部分。这些树种受环境或本身遗传因素影响，在自然界面临物种消失的险境，对野生珍稀树种的保护是林木种质资源保护的重要内容之一。野生林木种质资源保护包括就地保护和迁地保护。对有代表性的珍稀濒危植物的天然分布区，建设自然保护区或重点保护单元进行就地保护；对物种数量稀少、生存环境受到严重破坏，或生存和繁衍受到严重威胁的物种，进行科学的迁地保护。对森林植物的栽培种在加强就地保护的同时，可大力开展迁地保护，加强开发利用。

湖北省位于我国中部，长江中游，地处我国第二级阶梯向第三级阶梯的过渡地带，境内地形复杂，地貌多样，山地面积占全省总面积的56%，丘陵占24%，平

---

* 2023年，湖北省林业局组织的关于林木种质资源与保护的专题调研报告。

原湖区占20%，气候属亚热带季风性湿润气候。湖北省素有"天然植物园""物种基因库"等美誉，境内植被兼具南北过渡和东西植物区系交汇的特征，得天独厚的地理气候条件孕育了极其丰富的林木种质资源。但由于历史原因以及不合理的开发，多数树种群体被破坏严重，渐危群体和濒危群体的比例比较高。因此，研究制定科学合理的保护策略，建立健全湖北省林木种质资源保护体系十分必要。

一、湖北林木种质资源现状及问题

（一）湖北林木种质资源概况

林木种质资源是指林木遗传多样性资源和选育新品种的基础材料，包括森林植物的栽培种、野生种的繁殖材料以及利用上述繁殖材料人工创造的遗传材料。一般而言，林木种质资源包括森林物种的全部基因资源和育种材料资源。湖北境内林木种质资源丰富，根据湖北省林业局于2014—2018年组织的湖北省林木种质资源第二次调查结果，湖北现有木本植物125科550属2783种（含亚种变种），约占全国的23%，其中裸子植物8科36属127种，被子植物117科514属2656种，珍稀树种36科59属339种，境内自然分布的我国珍稀濒危保护树种共有49种。由于特殊的地理环境，湖北种子植物区系特有化程度高，湖北种子植物区系含中国特有属79属，占中国特有属总属数的24.6%，占湖北种子植物区系属的5.8%，迄今仍保存有不少珍贵、稀有孑遗植物，如水杉（*Metasequoia glyptostroboides*）、银杏（*Ginkgo biloba*）、珙桐（*Davidia involucrata*）、大果青杆（*Picea neoveitchii*）、金钱松（*Pseudolarix amabilis*）、巴东木莲（*Manglietia patungensis*）等，其中不少被称作植物中的"大熊猫""活化石"。

自20世纪80年代以来，湖北省开展了对林木种质资源调查、收集和保护工作，初步建立了以自然保护区、森林公园、资源库和良种基地为主的全省林木种质资源保护体系。到 2020 年年底，湖北省共建自然保护区 78 个，其中，国家级 22 个、省级 24 个、市级 24 个、县级 8 个，保护了 80% 左右的珍稀植物群落；建有国家和省级重点林木良种基地 25 处，收集保存了马尾松（*Pinus massoniana*）、杉木（*Cunninghamia lanceolata*）、杨树（*Populus* L.）、油茶（*Camellia oleifera*）、核桃（*Juglans regia*）等 15 个主要造林树种优良无性系、家系 66 万份；国家和省级重点林木种质资源库 26 个，收集保存了楠木（*Phoebe zhennan*）、湖北梣（*Fraxinus hubeiensis*）、珙桐、七叶树（*Aesculus chinensis*）、秤锤树（*Sinojackia xylocarpa*）等 68 个树种遗传资源 35 万份。

（二）湖北林木种质资源保存存在的问题

根据调查，湖北省林木种质资源保存主要存在以下几方面问题：一是对林木种质资源保护和利用的重要性认识不足。由于历史原因，早期对林木种质资源保护认识的程度不够，加上林业建设周期长、见效慢，政府对林木种质资源保护宣传的力度不够，导致广大人民群众对林木种质资源保护意识淡薄，乱砍滥伐现象突出。二是林木种质资源保存缺少长期规划，各项相关规章制度不够完善，资源保护的随意性比较突出。多年来，湖北省以良种基地项目建设的形式，保存了大量的种质资源，但项目投资结束以后，如何对保存的种质进行有效管护，尤其是经济效益不高的种质资源，缺乏持续手段。有些良种基地收集保存的林木种质资源未得到持续有效管理，丢失、破坏现象较为严重。

二、湖北林木种质资源保存区划行动

（一）区划原则和依据

1. 全省林木种质资源普查资料

1988—1993 年，湖北省林业厅组织开展了全省性林木种质资源普查工作，掌握了全省林木种质资源基本情况。2014—2018 年，为掌握林木种质资源变化情况，适应新时代保护利用要求，湖北省又开展了第二次全省性林木种质资源调查。上述调查成果，是我们进行林木种质资源保存区划的首要依据。

2. 湖北省植被区划

湖北省林木种质资源是湖北省植被的重要组成部分。因此，我们在进行林木种质资源区划时，参考了湖北植物区划系统。

3. 自然地理特征

湖北省的地形、地貌、气候、山川、水系等。

（二）区划结果

根据上述原则和依据，我们将湖北省林木种质资源保存划分为 5 个区域，如下：

1. 鄂西北山地丘陵保存区

该保存区位于湖北省西北部，其西、北与重庆、陕西、河南接壤，东部自丹江口市沿汉江经谷城县城、南漳县城、荆门市东宝区至当阳市城关，南以中、北亚热带分界线为界，包括十堰市、神农架林区全部，以及襄阳市、荆门市和宜昌市的部分区域。地貌特征主要为山地，多为秦岭、大巴山东延余脉，包括鄂豫陕边界山地、武当山、荆山、神农架高山山地北坡和南坡中上部等。

2. 鄂西南山地保存区

该保存区位于湖北省西南部，南与湘西毗邻，西与重庆接壤，北以中、北亚热带界线为界与鄂西北山地丘陵保存区相连，东部与江汉平原相连，包括恩施土家族苗族自治州全部、宜昌市大部分和荆州市辖松滋市的西南部区域。此区地貌上由一系列的山岭、谷地组成，包括神农架南坡中下部、长江三峡（湖北省境内段）谷地、清江流域山地、巫山和武陵山的一部分、大娄山东北缘等。

3. 鄂东北低山丘陵保存区

该保存区位于鄂西北山地丘陵保存区以东,北部、东部与河南、安徽毗邻,西以汉江与鄂西北山地丘陵保存区为界至谷城,南部以江汉平原边缘为界,沿襄阳、宜城、钟祥、京山、安陆、孝昌至武汉黄陂北部和新州北部,再向东南至罗田、浠水、蕲春,包含随州全部,襄阳、黄冈、荆门、孝感大部分和武汉北部区域。此区地貌上以低山、丘陵、岗地为主,包括大别山、桐柏山、大洪山等。

4. 江汉平原保存区

该保存区主要以江汉平原为主,位于湖北省中南部、长江中游和汉江中下游,西起宜昌枝江,北自荆门钟祥,东迄武汉鄂州,南与湖南省的洞庭湖平原相连。主要包括仙桃、潜江、天门和荆州(松滋西部除外),以及宜昌、襄阳、孝感、荆门、咸宁、鄂州、武汉的部分区域。此外,长江从武汉往东至黄梅,沿长江分布的鄂东长江沿岸平原,为长江中下游平原的组成部分,亦划为此保存区,包括武穴南部和黄梅东南大部分地区。

5. 鄂东南低山丘陵保存区

该保存区位于湖北省东南部,属幕阜山地西北坡及其向江汉平原过渡的地带,南部边缘与湖南、江西接壤,北部与江汉平原相接,东部以长江为界与鄂东北区低山丘陵保存区相邻,包括咸宁市大部分区域及鄂州、黄石的部分区域。

三、湖北林木种质资源分区布局及保存方式

(一)鄂西北山地丘陵保存区

该区属秦巴山区的东延部分,境内群山盘踞,地势高峻。地处亚热带北缘,为北亚热带季风气候。低山河谷具明显的亚热带气候条件,中海拔以上则向温带气候条件过渡。自然植被一般保存较好,神农架山脉及该区西部有较大面积的原始森林。该

区植物分布有明显的垂直地带性，海拔1500m以下为常绿阔叶和落叶阔叶林带范围，局部地段有零星分布的小片常绿阔叶林。常绿植物有白楠（*Phoebe neurantha*）、宜昌润楠（*Machilus ichangensis*）、云南樟（*Cinnamomum glanduliferum*）、黑壳楠（*Lindera megaphylla*）、包果柯（*Lithocarpus cleistocarpus*）、青冈栎（*Cyclobalanopsis glauca*）、细叶青冈（*Cyclobalanopsis gracilis*）、红果树（*Stranvaesia davidiana*）、红柄木樨（*Osmanthus armatus*）、皱叶荚蒾（*Viburnum rhytidophyllum*）等；落叶阔叶树种有枹栎（*Quercus serrata*）、栓皮栎（*Quercus variabilis*）、响叶杨（*Populus adenopoda*）、枫杨（*Pterocarya stenoptera*）、华西枫杨（*Pterocarya insignis*）、亮叶桦（*Betula luminifera*）、化香（*Platycarya strobilacea*）、领春木（*Euptelea pleiospermum*）、华西花楸（*Sorbus wilsoniana*）、湖北花楸（*Sorbus hupehensis*）、金钱槭（*Dipteronia sinensis*）等；针叶树马尾松、铁坚油杉（*Keteleeria davidiana*）分布于低海拔地区。该区神农架及其他一些低山坡沟谷地，有较多的野生蜡梅（*Chimonanthus praecox*）成片生长，该地可能是蜡梅的故乡。海拔1500～2600m的山地为落叶阔叶、针叶林带，主要的阔叶树种有红桦（*Betula albosinensis*）、米心水青冈（*Fagus engleriana*）、山杨（*Populus davidiana*）、椅杨（*Populus wilsonii*）、槭（*Acer* L.）等；针叶树有华山松（*Pinus armandii*）、秦岭冷杉（*Abies chensiensis*）、巴山松（*Pinus henryi*）、青杆（*Picea wilsonii*）。海拔2600m以上的植物分布以巴山冷杉（*Abies fargesii*）为主要树种，神农架高山大面积的原始森林为巴山冷杉林，在神农架2500m以上的高山草原中和冷杉林林缘有大面积的箭竹（*Fargesia spathacea*）林。

（二）鄂西南山地保存区

该区境内地势高峻，海拔一般在1000m以上，石灰岩分布较广，主要河流有长江及其支流清江。该区属中亚热带气候带，植物种类丰富。该区是特有性最强的华中植物区系的核心，也是中国植物区系的核心，保存有大量特有、古老、孑遗植物，珙桐、连香树（*Cercidiphyllum japonicum*）、水青树（*Tetracentron sinense*）、鹅掌楸（*Liriodendron chinense*）、杜仲（*Eucommia ulmoides*）、檫木（*Sassafras tzumu*）、水丝梨（*Sycopsis sinensis*）等常成为植被类型的优势种或建群种。海拔1000m以下的山坡谷地有小片常绿阔叶林，主要有钩锥（*Castanopsis tibetana*）、栲（*Castanopsis fargesii*）、木姜叶柯（*Lithocarpus litseifolius*）、曼青冈（*Cyclobalanopsis oxyodon*）、青冈、乌冈栎（*Quercus phillyraeoides*）、川桂（*Cinnamomum wilsonii*）、猴樟（*Cinnamomum bodinieri*）、楠木、白兰（*Michelia alba*）、木荷（*Schima superba*）、铁坚油杉、巴山榧树（*Torreya fargesii*）、黄杞（*Engelhardia roxburghiana*）等常绿树种，以及木樨科（*Oleaceae*）、槭树科（*Aceraceae*）、蔷薇科（*Rosaceae*）等科中的常绿树种；在较湿润的谷地中常有杉木林，大部分低山较干旱地带有马尾松林，在石灰岩山地则有柏木（*Cupressus funebris*）林；低山河谷地带，尤其是长江三峡和清江河谷两岸，盛产柑橘（*Citrus reticulata*）、柚（*Citrus maxima*）、甜橙（*Citrus sinensis*）等水果；海拔800～1000m处有黄杉（*Pseudotsuga sinensis*）分布。海拔1000～1500m的山地为常绿阔叶-落叶混交林，组成树种有水青冈（*Fagus longipetiolata*）、栎属（*Quercus* L.）、山胡椒（*Lindera glauca*）、檫木、柃木（*Eurya nitida*）、山茶（*Camellia japonica*）、珙桐、厚皮香（*Ternstroemia gymnanthera*）、玉兰（*Yulania denudata*）、鹅掌楸等以及蔷薇科、桦木科（*Betulaceae*）、漆树科（*Anacardiaceae*）等科树种。海拔1500m以上为落叶阔叶林带，主要落叶树有水青冈、亮叶桦、鹅耳枥（*Carpinus turczaninowii*）、枫杨、野核桃（*Juglans cathayensis*）、槭、灯台树（*Cornus controversa*）、枹栎、花椒（*Zanthoxylum bungeanum*）等。海拔2000m以上分布有巴山冷杉林。

（三）鄂东北低山丘陵保存区

该区属淮阳山脉的南麓，地势北高南低，北部平均海拔800～1200m，中部和南部大部分地势平缓（海拔 300～500m），逐渐过渡到江汉平原。该区植物分布主要在大别山、大洪山、桐柏山南麓，具有过渡性特征。海拔 600m 以下为常绿阔叶-落叶阔叶混交林带，600～1200m 为落叶阔叶林带，1200m 以上为灌丛草甸带。常绿阔叶树种有苦槠（Castanopsis sclerophylla）、小叶青冈（Cyclobalanopsis myrsinifolia）、青冈等；落叶阔叶树有茅栗（Castanea seguinii）、栓皮栎、白栎（Quercus fabri）、黄山栎（Quercus stewardii）、槲栎（Quercus aliena）、榉树（Zelkova serrata）、大叶朴（Celtis koraiensis）、板栗（Castanea mollissima）、化香、山核桃（Carya cathayensis）、乌桕（Triadica sebifera）等；针叶树主要有马尾松、黄山松（Pinus taiwanensis）等，分布于海拔 1200m 以下的山坡，海拔 800～1200m 处多分布黄山松；灌丛多为檵木（Loropetalum chinense）、金缕梅（Hamamelis mollis）、南烛（Vaccinium bracteatum）、大果山胡椒（Lindera praecox）、牛鼻栓（Fortunearia sinensis）、箬竹（Indocalamus tessellatus）、绣线菊（Spiraea salicifolia）等。

（四）江汉平原保存区

江汉平原自西北向东南微缓倾斜，地势低平，除局部地区有零星孤立小山丘散布外，大部分为平坦的平原。山丘的自然植被主要为次生林和灌丛，常见的木本植物有茅栗、苦槠、麻栎（Quercus acutissima）、小叶栎（Quercus chenii）、枫杨、化香、山胡椒、白背叶（Mallotus apelta）、盐肤木（Rhus chinensis）、野鸦椿（Euscaphis japonica）、野茉莉（Styrax japonicus）、鼠李（Rhamnus davurica）等。

该区栽培树种较多，常见的主要有银杏、金钱松、马尾松、湿地松（Pinus elliottii）、杉木、柳杉（Cryptomeria fortunei）、池杉（Taxodium ascendens）、水杉、侧柏（Platycladus orientalis）、柏木、毛白杨（Populus tomentosa）、响叶杨、垂柳（Salix babylonica）、榔榆（Ulmus parvifolia）、朴树（Celtis sinensis）、构树（Broussonetia papyrifera）、鹅掌楸、荷花玉兰（Magnolia grandiflora）、玉兰、蜡梅、

樟（*Cinnamomum camphora*）、海桐（*Pittosporum tobira*）、石楠（*Photinia serratifolia*）、枇杷（*Eriobotrya japonica*）、合欢（*Albizia julibrissin*）、紫荆（*Cercis chinensis*）、槐（*Styphnolobium japonicum*）、刺槐（*Robinia pseudoacacia*）、臭椿（*Ailanthus altissima*）、楝（*Melia azedarach*）、香椿（*Toona sinensis*）、乌桕、重阳木（*Bischofia polycarpa*）、黄杨（*Buxus sinica*）、枸骨（*Ilex cornuta*）、栾树（*Koelreuteria paniculata*）、北枳椇（*Hovenia dulcis*）、木芙蓉（*Hibiscus mutabilis*）、木槿（*Hibiscus syriacus*）、梧桐（*Firmiana platanifolia*）、柽柳（*Tamarix chinensis*）、紫薇（*Lagerstroemia indica*）、雪柳（*Fontanesia fortunei*）、木犀（*Osmanthus fragrans*）、女贞（*Ligustrum lucidum*）、夹竹桃（*Nerium oleander*）、厚壳树（*Ehretia thyrsiflora*）、泡桐（*Paulownia fortunei*）等。

（五）鄂东南低山丘陵保存区

该区为幕阜山脉向北倾斜的部分，地势由南向北递降，海拔多在700m以下，南缘幕阜山一带平均高度在1000m左右。该区气候温暖湿润，植物种类也较为丰富，大部分为常绿阔叶林，常见的有苦槠、秀丽锥（*Castanopsis fabri*）、柯（*Lithocarpus glaber*）、青冈、大叶青冈（*Cyclobalanopsis jenseniana*）、小叶青冈、天竺桂（*Cinnamomum japonicum*）、紫楠（*Phoebe sheareri*）、乌药（*Lindera aggregata*）、杨梅（*Myrica rubra*）等；落叶阔叶树种有茅栗、白栎、锥栗（*Castanea henryi*）、小叶栎、雷公鹅耳枥（*Carpinus viminea*）、江南桤木（*Alnus trabeculosa*）、连香树、黄山木兰（*Yulania cylindrica*）等；针叶树主要有马尾松、金钱松、黄山松。海拔600m左右的低山广泛分布有杉木，500～800m的山腰多分布有大面积的毛竹（*Phyllostachys edulis*）林，山顶为矮林灌丛草甸。

四、湖北林木种质资源保存建议

本工作将湖北省划分为5个林木种质资源保存区，并对各区林木种质资源概况、珍稀濒危树种、常见栽培树种资源及需加强保护的树种进行了分区概述。该区划为湖北省制定今后一段时期的林木种质资源保护利用方案明确了保护对象、保护地点、保护主体以及保护方式，为湖北省制定林木种质资源远景规划、土地的合理开发利用提供基本资料，亦为综合自然区划、综合农业区划保存当前和未来有发展潜力、有开发价值的优良乡土树种种质资源提供了科学依据，对促进湖北省建立不同区域的林业生态经济具有积极作用。

根据省内林木种质资源，湖北省现已全面调查了林木种资源现状，建议在此基础上，着力构建就地保存、异地保存和设施保存有机结合的林木种质资源保存体系。在全面保护资源的前提下，根据林木种质资源稀缺及重要程度，区分轻重缓急，突出重点，逐步开展收集保存工作，统筹布置资源库建设。建议依据对湖北省特有、珍稀、濒危、重要的树种种质资源采取建立就地保存库的措施实施抢救性保存，确保每个珍稀、濒危树种都有就地保存库；结合良种基地建设，逐步建成杉木、马尾松、杨树、湿地松、鹅掌楸、珙桐、油茶、板栗、核桃等单树种（类）种质资源保存国家专项库，楸树（*Catalpa bungei*）、银杏、柏木、柿、榆树、泡桐、红豆杉、铁坚油杉、柳树、香椿、竹类等单树种（类）种质资源省级异地保存专项库，以及在全省各林木种质资源保存区，建立异地保存综合库。

作者简介

汪建亚，男，1968年生，正高级工程师，华中农业大学产业导师。现任湖北省林业科技推广中心主任。长期从事组织培养、林木良种选育、林木良种基地建设、林业科技推广和林木种苗行业管理工作。主持参加的"日本落叶松遗传改良与林工林培育技术研究""湖北省杉木遗传改良与林工林培育技术研究""亚美马褂木优良无性系选育与繁殖技术研究"分别获得省级科学技术进步奖一等奖、三等奖。出版了《湖北省林木良种指南》《湖北省林木种质资源》等行业指导书籍；参与了省级地方标准《湖北省主要造林树种苗木分级》《林下黄精种植技术规程》《鹅掌楸属无性繁殖技术规程》研制；选育了'楚兴 1 号'核桃、'亚美 117 号'鹅掌楸等 5 个林木良种；主持多项中央财政推广项目，参与了湖北省杉木、日本落叶松高世代种子园建设等工作；在核心期刊发表多篇文章。

杨春惠，女，1977 年生，湖北省林业科技推广中心高级工程师。